SASADA Hironori
佐々田博教【著】

農政トライアングルの誕生

自己組織化する利益誘導構造 1945-1980

The Birth of the Agricultural Iron Triangle

A Self-Organizing Power Structure 1945-1980

千倉書房

農政トライアングルの誕生
自己組織化する利益誘導構造1945-1980

目次

農政トライアングルの誕生
自己組織化する利益誘導構造1945-1980

序章

農政トライアングル形成のメカニズム

1▸ はじめに

戦後日本の農政は、政・官・業が構成する利益誘導型政治の典型例とされている。そこでは自民党・農林水産省（1978年までは農林省）・農業団体（農業協同組合・農家）の三者が、互いの利益につながるような政治活動・政策決定をおこなうことで、「鉄の三角同盟（iron triangle）」と呼ばれる強固で排他的な権力構造を構成している。それは、「農政トライアングル」とも呼ばれる。

農政トライアングルの下では、次のような形で政策決定がおこなわれてきた。まず国内のほとんどの農家が加盟する農協が、与党・自民党や農水省に対して陳情やロビー活動をおこない、農業従事者および農協の要望を伝える。そして選挙に際して農協は、農家を動員して自民党の候補者に票を集める。自民党はその見返りとして、価格支持や補助金や保護関税といった農家の利益を守る政策の立案を農水省に働きかける。また自民党（特に農林族議員）は、保護政策の見直しや国内農業市場の自由化・規制緩和につながる法案に、党の政務調査会農林部会などにおいて反対し、そうした法案が国会に提出されることを未然に防ぐ。農水省は農業従事者や自民党からの要望を反映した政策・法案の立案をおこない、その見返りとして同省の他の法案・予算案への国会承認や予算配分に関して自民党議員の後押しを受ける。また農協（およびその関連団体）が、退官した元農水省の官僚に天下り先のポストを提供

図0.1 農政トライアングル

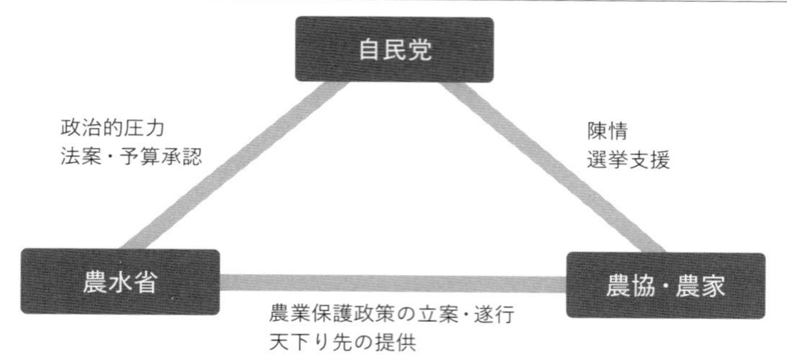

出典：著者作成

する形で見返りを与えることもある（図0.1を参照）。

こうした政治活動や政策決定の繰り返しによって、この利益誘導構造は半世紀以上も機能し続けている。その結果、農家（特に中小規模の農家）や農協の利害を反映した保護主義的な政策が、戦後長らく日本の農業政策の根幹を成してきた。農政研究においては、日本政府が農業保護を続けてきた理由として、ほとんどの場合この利益誘導構造に注目した説明（「鉄の三角同盟論」）が提示され、定説と言ってよいほど広く受け入れられている。メディアの報道においても、しばしば鉄の三角同盟論に基づいた解説がされることがあるため、一般的にもよく知られた概念であろう。

農政トライアングルの存在は、政策決定者が農業従事者や農協の利益に反する政策（例えば農業市場の自由化や農業の規制緩和）を推進することを極めて困難にした。さらに市場志向型の政策を支持する団体の声が、農業関連の政策決定過程において反映されることを難しくした。その結果として、貿易自由化政策が停滞したり、国内食料品価格が国際価格に比べてはるかに高い水準に設定されたり、他業種の業者による農業ビジネスへの参入が阻害されたりしてきた。このように農政トライアングルは、戦後の長い期間にわたって日本経済や国民生活に大きな影響を与え続けてきた。こうした保護政策の弊害は、2010年代に入って安倍晋三政権下において農業政策の変革が遂行されて、ようやく一部改善されることとなったが、未だにその影響は色濃く残っている。

しかしながら農政トライアングルがいつ・どのようにして形成されたのかは、ほとんど知られていない。鉄の三角同盟論に基づいた研究の大半は、農政トライアングルの機能とそれがもたらした影響の検証に集中している。そのため戦後日本に大きな影響を与えたとされる農政トライアングルの形成過程を包括的かつ理論的に明らかにした研究は管見の限り存在しない。こうした研究の不在は、日本農政における鉄の三角同盟の重要性を考えると、とりわけ奇異に映る。それらが形成された背景と過程の解明には、極めて重大な意義がある。

2▸ 本書が明らかにしたいこと

本書の課題は、戦前から戦後にかけての農政の展開の検証を通じて、以下に挙げる問いに対する答えを探り、農政トライアングル誕生の経緯を明らかにすることである。第一に、農政トライアングルはいつ形成されたのかという点である。後述するように、戦前には農政トライアングルに相当する権力構造は存在せず、それは終戦後もしばらくの間続いた。1950年代には多くの農家が左派系の農民組合に組織化されており、社会党や共産党など革新政党を支持する傾向にあった。その一方保守政党は農村票の受け皿とはなっておらず、米価抑制政策や農業補助金の削減といった、農家に対して厳しい政策を推進していた。さらに1948年の設立以降も、農協の政治活動はさほど活発ではなく、効果的な農村票の動員もおこなわれていなかった。では農政トライアングルは何をきっかけとして、いつごろ形成されたのだろうか。

第二に、農政トライアングルの形成を促進した要因は何かという点である。この利益誘導構造が形成されるためにはいくつかの必要条件があった。本書では、同構造の形成およびその維持の必要条件を考察し、それらの条件が整った政治的・経済的背景を探り、農政トライアングルの形成を促進した過程を解明する。農政トライアングル形成の主な必要条件として考えられるのは、①農村の均質化、②農協による政治動員、③保守政党と農村の密接な連携、④農林省による農業保護政策の積極的な立案の4点である（これらの重要性については後述する）。農政トライアングルが形成される上で必要不可欠であったこれらの条件が整ったのはなぜか。そして、それらはどのように農政トライアングルの形成を促したのだろうか。

第三に、農政トライアングルが形成・維持されたメカニズムは何かという点である。一般的に政治制度や政策は、政策決定者や政治的アクターが自らの政策理念に基づき、何らかの意図や目的を達成するために作り出すものである。ところが農政トライアングル形成過程の詳細な検証から明らかになってくるのは、その形成を企図した存在、あるいはそれを主導した存在がいないということである。そして個々の構成者は、各々の政治理念や利害に基づいて個別に行動をしていた。農協・自民党・農林省が協力して利益誘導構造を形成しようと協議した事実はなく、そうした構造を形成する計画もなかった。むしろ自民党の執行部や農林省は、1960年代になっても市場志向型政策を支持しており、利益誘導型の農政に対して否定的な姿勢をとっていた。ところが、各々がおかれた環境の中で各構成者が連携することなく個別に行動した結果、自然発生的に農政トライアングルが形成されたのである。このような利益誘導構造は、どのようなメカニズムで発生するのであろうか。それはなぜ半世紀以上の長きにわたって政策決定過程に重大な影響を与え続けることとなったのであろうか。

3▸ 鉄の三角同盟論に基づいた先行研究

「鉄の三角同盟」あるいは「鉄の三角形」という利益誘導構造は、農業以外でも建設・商業・医療・原子力といった業界でもみられ、日本政治において重要な要素として広く認識されている。そのため政策決定過程や利益団体の影響などを説明する上で、政治学や行政学の教科書にも頻繁に現れる。ここではいくつかの例をみていこう。まず政治学の入門書である『ポリティカル・サイエンス入門』には、政治アクターの相互関係（政策ネットワーク）の一例として、「特定の政策を巡って政治家・行政機関・利益団体の3者によって形成される下位政府・鉄の三角形と呼ばれるものがある」と紹介している。そしてその特性として、「少数のアクターからなる閉鎖的なものであり、それぞれのアクターは相互に利益を交換し合うことで強固な協力関係をつくり出している」と述べている（坂本・石橋編 2020, p. 88）。同じく『公共政策学の基礎』は、鉄の三角同盟を構成する3者の関係性について、3者の間には「強い相互依存関係が生まれる。この関係はお互いの利益に基づいて結ばれているので、なかなか壊れない安定したものとなる」（秋吉ほか 2020, p. 162）とし、その関係の強固さから「鉄の三角同盟」と呼ばれると説明している。

また『よくわかる政治過程論』はこうした利益誘導政治の結果について、「鉄の三角形が強固な政策領域においては、既存の業界を保護する規制を維持する政策帰結がもたらされやすい」としている（松田・岡田編 p. 145）。そして『はじめて出会う政治学』は、「既得権益を持った利益集団が、政治家や官僚と手を握って鉄の三角同盟を形成」すると説明し（北山ほか 2009, p. 16）、既得権益に囚われた政策決定が横行することで、国家の衰退につながるとする意見を紹介している。さらに日本のケースにあてはめて、「鉄の三角同盟というのは、こうした政府と企業との関係をネガティブに捉えた概念であるということができる。日本経済の長期低迷が続くなか、近年、失敗の原因をもっぱらここに求める意見も増えてきた」と総括している（p. 176）。

農政の専門書の多くも、農政トライアングルがもたらした政策帰結について指摘する★[1]。例えば本間（2010）は、「『鉄のトライアングル』の下、農協の組織票が欲しい自民党、その見返りに保護政策を引き出す農協、それを補助金で支え予算を増やす農水省と、3者の利害が一致し、国民的視座とはかけ離れた農政が展開されてきた」とし、その結果として「小規模兼業農家主体の政策に傾倒し、それがコメの減反政策を維持し、バラマキ的補助金を生んできた」と、農政トライアングルと保護政策の間の因果関係に言及している（本間 2010, p. 358）。同じく神門（2006）も、「農家は投票によって政治家を支え、政治家は利益誘導（各種補助金や公共事業の誘導など）によって農家を支えるという相互依存関係が生じる」とし、さらに農水省の職員数の巨大さを指摘し、「この巨大組織を維持するためにはよほどの政治力が必要である。農家と農林族議員が協同して農林予算を持ってきてもらわないと、組織はもたない」として、「この相互依存関係は、農水行政にとっても好都合である」と主張している(神門 2006, p.79-80)。

日本の農産物貿易交渉の歴史を分析した三浦(2020)は、「農産物に関する強力な国際自由化の風潮にもかかわらず、農政鉄の三角形と与党事前審査制度が、農産物貿易自由化の論議を困難なものにさせてきた」(三浦 2020, p. 90)と、農政トライアングルが日本の外交貿易政策にも大きな影響を与えたと主張している。また三浦は、鉄の三角同盟が政治家のリーダーシップを阻害してきたと次のように指摘している。「55年体制下における政策意思決定システムは、政府・与党の二元構造や、特定の政策に関する法案を阻止する力を有する鉄の三角形の存在、官僚による事前調整などが、首相・内閣が統制力を発揮することを妨げていた」(p. 72)。同様に、作山(2021)も、「鉄の三角形モデルでは、3者共に他者に反撃する手段を持ち、全員の合意がない限り政策は変更されない」ため、農産物貿易自由化政策の推進を阻害してきたと説明している(作山 2021, p. 5)。

▶ 鉄の三角同盟論が抱える問題点

このように政治学・農政研究の分野で幅広く受け入れられている鉄の三角同盟論であるが、同論が農業政策の形成過程を全面的に説明できるわけではなく、応用には様々な限界がある。その1つは、戦前の日本には農政トライアングルがまだ存在しておらず、当時の農業保護政策は利益誘導構造によってもたらされたものではないということである(佐々田 2018)。大正から昭和初期にかけての政党において、農政に精通した議員は限られており、多くの議員は農政にあまり強い関心を持っていなかった。そのため、政策立案は農林官僚に大きく依存していたことから、農業政策や法案の多くは、農林官僚の政策理念を強く反映していた。そうした法案の中には議会において廃案となるものもあったが、成立した政策は農林官僚が自らの政治理念に基づいて運用し、政府が農家(特に小規模な農家)を保護する傾向が強まった。そして農村は地主・中小農・小作農などに階層化されていて、互いに相反する利害を持っていた。地主と小作農は時に小作争議などにおいて激しく衝突することもあった。それゆえ農村が一体となって政治活動をおこなうなど、組織的に特定の政党を支援することはなかった。同様に戦後の農協のように農村全体を代表して政治活動をおこなったり、農村票を全国的に動員するような組織も存在しなかった。地主層は自らの政治団体を持ち、保守政党（特に政友会）と強い繋がりを持っていたが、地主層は農村コミュニティにおける少数派であった。他方でコミュニティの大部分を占める中小農・小作農は主要政党との繋がりを欠いていた。したがって農政トライアングルに類する関係は戦前には存在しておらず、鉄の三角同盟論は戦後の農政にしかあてはまらない。

2つ目の限界は、鉄の三角同盟を膠着した不変の利益誘導構造として単純に捉えがちなため、その内部における変化や多様性を見逃してしまうという点である。この点についてJentzsch（2021）は、鉄の三角同盟が1980年代後半に至るまで少しずつ変化を続けていたと指摘し、地域レベルでみると構成員の関係性や政策帰結に多様性がみられると主張する（p. 31-61）。さらに第5、6章で指摘するように、鉄の三角同盟の構成員は常に同じ利益や政策目標を持っていたわけではなく、構成員内でも意見の相違や対立が生じることが頻繁にあった。例えば、農林省は農業の規模拡大や収益性向上といった経済合理主義的な政策目標を持っており、農政トライアングルの誕生後も保護主義一辺倒になるのではなく、理念に基づいた政策立案を度々模索した（第5章）。また自民党議員の間にも、鉄の三角同盟論のイメージ通りにひたすら米価引き上げを要求する「ベトコン議員」と呼ばれる議員が存在した一方で、1960年代には米作から他の作物（畜産・野菜・果樹など）への転換やそのための補助金を重視した「総合農政派」と呼ばれる議員が台頭した（第6章）。

さらに1960年代の高米価政策に自民党幹部と農林省は明確に反対していたし、1969年に導入された減反政策を含む総合農政に多くのコメ農家と地方農協とベトコン議員らは激しく抵抗した。つまり農政トライアングルの下で導入された保護政策は、必ずしもその構成員の全てが希求し支持したものではなかった。こうした事実は、農業保護政策を利益誘導の産物と捉える鉄の三角同盟論と明らかに矛盾している。農政トライアングルの形成とその下での政策決定には、非常に複雑かつ多様な要因の影響を受けたメカニズムがあり、鉄の三角同盟論が提示するような単純な因果推論で説明することはできない。

鉄の三角同盟論の限界の3つ目は、鉄の三角同盟がいつ・なぜ・どのように生まれたかといった点についての説明を欠いているということである。これは農業以外の分野（例えば建設業や製造業など）においても同様である。鉄の三角同盟論を応用した研究においては、鉄の三角同盟の存在は所与のものとして扱われ、それがなぜ出現したのかという点には触れられないことが多い。鉄の三角同盟が形成された過程に言及する研究も皆無ではないが、極めて漠然とした記述に留まっている。例えば本間（2010）は、戦後日本の農業行政の基盤は、戦時期に構築された官僚主導体制いわゆる「1940年体制」であるとし、この体制に農協が政策実施の下請け機関として組み込まれ、「戦後の政治における保守合同がこれに加わり、利権の一致した自民党、農協、そして農林省による農政の『トライアングル』が形成されていく」（p. 358）との説明を提示している。大まかな流れとしては正しい記述であるが、こうした政治的・制度的変化が起こった背景や具体的な時期、それらが利益誘導構造を生み出したメカニズムについては全く説明がなされていない。また山下（2009）の著書も、農政トライアングルが生まれた時代背景について言及しているが、漠然とした記述を超えるものではない。

日本政治にこれほど多大な影響を与える農政トライアングルがどのように発生したかという点が解明されていない事実は、日本政治研究に重大な空白が存在することを意味し、その解消が重要であることは論を俟たない。本書は、上で指摘した鉄の三角同盟論の限界について留意しつつ、農政トライアングル形成過程に関する包括的かつ理論的な分析を提示する。

4▸ 農政トライアングル形成の必要条件

農政トライアングルの形成にあたっては、いくつかの必要条件があった。それらは、①農村の均質化、②農協による政治動員、③保守政党と農村の密接な連携、④農林省による農業保護政策の積極的な立案の4点であり、これらの要件が1つでも欠けていれば農政トライアングルが誕生することはなかったと考えられる。しかし逆に言うと、単独では農政トライアングルの形成にはつながらないため、「十分条件」ではなかった。ここではこれらの要件の重要性について議論を展開する。

第一の条件は、農村の均質化である。農政トライアングルにおいては、ほとんどの農家は中小規模で、同様の政策（保護政策）を要望し、農村が一体となって保守政党を支援する。だが、もし農村内で意見や利害対立が頻発し、複数の集団に分かれて別々の政策を求め、異なる政党を支持するようであれば、農政トライアングルが成立しないことは明らかであろう。実は、戦前の農政はそのような状態であった。特に地主層と小作層の間で激しい対立が生まれ、前者は保守政党を支持し農産物の価格支持を要望し、後者は左派政党や農民組合と連携して小作権の強化などを求めた。したがって戦前に存在した地主・中小農・小作農といった経済的格差の解消は、農政トライアングルが形成されるための必要条件であったといえる。

第二の条件は、農協による政治動員である。農村と保守政党の間の利益誘導を円滑に進めるには、選挙に際して農村票を組織し、政党に農家の要望を伝達する団体が必要となる。この役割を担ったのが農協であるが、農協も設立当初からこうした機能を持っていたわけではない。農協の設立直後にはその多くが経営危機に見舞われたり、組織運営や活動方針の問題などで、効果的な政治活動ができない時期が続いた。選挙に際して農家からの見返りが期待できなければ、政権与党が農業保護政策を維持することはなかったと考えられるため、農協が「政治マシーン」として機能し保守政党に農村票を集中させるようになったことも、農政トライアングル形成の必要条件であったといえる。

第三の条件は、保守政党と農村の密接な連携である。1948年から1950年代後半にかけて政権を担った保守政党は、予算均衡や物価抑制といった政策目標を優先したため、米価抑制や規制緩和や農業予算削減などといった農家の要望に反する政策を推し進めて、農村からの強い反発を招いた。1950年代後半になって農協の政治動員が活発化しても、政府・自民党幹部らは米価抑制方針を維持し、さらにはコメの統制撤廃や農業団体の再編成などといった農協の利益を大きく損なう可能性がある政策を模索したりした。このことからわかるように、農家・農協の要望に沿った政策を保守政党が推進しない状況では、農政トライアングルは成り立たない。したがって保守政党が農村の利益・要望を反映した政策を施行し、農村と密接に連携するということは、農政トライアングルの必要条件であるといえる。

第四の条件は、農林省による農業保護政策の積極的な立案である。戦前の農林官僚は農村における問題の根源と目された地主制★2の解体を最大の政策目標としていた。戦後の農地改革によってこれが実現されると、その後は農家の経営合理化による収入増が主な政策目標となった。これは彼らが当時政策理念として掲げていた経済合理主義に基づいていた。また拡大し続ける食糧管理特別会計（食管会計）の赤字に対しても強い懸念を抱いていた。それゆえ農協や自民党内の農林議員が強く求めていた米価の大幅な引き上げや補助金の拡大については極めて消極的だった。こうした農林省の方針は、米価闘争において毎年激しい対立が生じる一因ともなり、自民党と農村の利益誘導行為を妨げていた。したがって農業政策の立案に重要な役割を果たした農林省が、保護政策に積極的な姿勢をとることも、農政トライアングル形成の必要条件であったといえる。

本書では、これらの必要条件がどのように揃っていったのか、その過程を1つずつ追跡し、農政トライアングルが形成されたメカニズムを解明していく。次節では、こうした研究をおこなう際の分析手法と理論的枠組みについて議論する。

5▸ 分析手法──自己組織化

終戦後に劇的に変化した情勢の中で、農政にかかわる集団や組織は各々がおかれた環境の中で自らの理念や利益に基づいて行動していた。その結果、新しい政治的・経済的環境が醸成され、農政トライアングル形成の必要条件が整っていった。だが利益誘導をおこなう中でも、前述のように構成員の間で対立が生じており、形成された利益誘導構造の形態は必ずしも全ての構成員が望んだものではなかったという点に留意する必要がある。つまり農政トライアングルは偶然の産物であった。

しかし何かを生み出す意図がない状況で形成された（あるいは自然発生した）ものを、理論的・体系的に説明することは容易ではない。政治学の研究において分析対象となるのは、政策決定者の明確な政策意図（問題解決・目標達成など）に基づいてつくられた制度や政策が多い。もちろんそれらの中には、意図せぬ結果として生まれたものも含まれる。例えば、政策決定者や関係者の間の妥協の結果として作られた制度や政策などがある★3。あるいは一旦形成された制度が別の役割を果たすようになるケース（制度転用）や、既存の制度に新しい制度や機能などを追加することで性質が変化するケース（制度併設）などがある（Hacker 2005; 北山2011）。また商法や国際法などにみられるように、過去の慣習が制度化したものなどもある★4。

だが、いずれのケースも形成過程においては何かしらの目的追求の結果としての制度・政策形成であり、全く意図されずに自然発生したものではない★5。そもそも制度や政策は、何らかの問題を解決したり、目標を達成するために形成されるもので、その過程では明確な意図を持った政策決定者や関係者が何度も協議を重ねて初めて実現するものである。そのため政治学における制度・政策研究に関する理論で、自然発生したものを対象としたものは少ない★6。それでは、意図されずに形成された制度を理論的・体系的に説明するには、どのような方法をとればよいのだろうか。

▶ 自己組織化とは何か

本書では主に自然科学の研究で使われる「自己組織化」という概念を応用して、農政トライアングルが形成されたメカニズムの説明を試みる。自己組織化は元々物理学の分野で生まれた概念で、今日では生物学や医学や工学といった様々な分野で幅広く使われている。社会科学の分野でも、経済学や経営学や社会学などで応用されている（クルーグマン 2009；ワッツ 2012）。さらに最近ではこうした物理学の知見を社会科学に応用する「社会物理学」というアプローチも生まれている（ペントランド 2018；小田垣ほか 2022）。自己組織化についてはいろいろな定義があるが大まかに言うと、全体を制御する存在や装置などがなくとも、相互に作用し合う個体（あるいは集団）が、局所的に単純な行動規則に基づいて行動した結果として秩序が生まれる現象のことである★7。その特徴を具体的に説明すると以下のようになる。

第一に、自己組織化には全体を主導し意思決定をおこなう仕組みがない。通常の場合、秩序やパターン化した行動は、なんらかの中央制御装置によって生み出される。例えば、政党の組織的運営を可能にしているのは、意思決定を主導する党首や幹部、あるいは党員の行動を統制する党則などの存在である。国家においても中央政府の存在や、法を執行する機関（裁判所や警察など）が秩序を生み出しているし、企業についても取締役会が意思決定をおこない、社内規定や規約などに基づいて経営されている。ところが自己組織化の場合は、全く規則性のないランダムな状態（いわゆる「カオス」）から、全体をコントロールするリーダーや仕組みがないにもかかわらず、秩序のある状態や行動が自ずと発生するのである。

第二に、自己組織化はそれを構成するものが相互に作用し合った結果として生まれる。前述のように、統制機能がない状況では、各自が局所的にバラバラに行動するが、他の存在の影響を受けることで、行動に制約がかかることがある。例えば、高速道路で各車両の速度や車間距離は通常ランダムであるが、路上が混雑してくると、他の車両の速度に合わせる必要が出てくる。さらに混雑が進むと、ほとんどの車両は同程度の速度と車間距離をとり、渋滞が自然発生する。

第三に、自己組織化はそれを構成するものが、局所的に単純な行動規則あるいはパターン（「アルゴリズム」とも言う）に基づいて行動した結果として生まれるものである。例えば、ある種の魚や鳥（イワシやムクドリなど）は多数の個体が大きな群れを形成し、群れ全体が規則正しく動き、あたかも1つの生き物のような振る舞いをする。こうした群れはリーダーや意思決定機能を持っていないが、各個体が極めて単純な規則に沿って行動するだけで、複雑かつ秩序立った全体行動が発生するのである★8。

自己組織化は決して特別な現象ではなく、自然界や人間社会の中に多く存在している。例を挙げると、台風や前線といった気象現象、地球温暖化、雪の結晶、水の対流、山火事、雪崩、アリ塚、脳内のニューロンの働き、都市の形成、都市における人種の棲み分け、株式市場の暴落などがある。例えば、アリやシロアリは社会性を持つ昆虫として知られており、それらが作る巣（アリ塚）は、個々の個体のサイズに比べて遙かに大きく2m以上にも及ぶことがあり、堅牢な構造、複雑な通路、高度な換気機能を持つだけでなく、無数の目的別の部屋を有し、それぞれ女王アリの部屋・食糧倉庫・育児室・菌類の栽培室・ゴミ捨て場などを形成している。だがアリ社会にはリーダーとなる存在もなく、集団の意思決定機能もない★9。水元・土畑（2017）によると、アリが単純な行動アルゴリズムに基づいて建築作業をおこないつつ、フェロモンを利用して情報を交換することで、正・負のフィードバック効果が生じ、複雑な構造物を作り上がるのだという★10。このような複雑な行動パターンや現象は、自己組織化の概念を応用することなしには説明が困難である。そしてこうした知見は、近年ロボットやドローンの研究にも応用され、人工的に複雑な集団行動を再現することが目指されている。

本書が農政トライアングルを自己組織化によって形成された現象と捉える理由は、以下の通りである。第一に、農政トライアングルは意図して形成されたものではなく、構成者の行動を統制するリーダーや制御の仕組み（構成者間の規約や協定など）を欠いていること。また形成された利益誘導構造の形態も、必ずしも構成者の全てが求めていたものではなかったことである。第二に、農政トライアングルの形成（とその維持）は、各構成者の自律的かつ局所的な行動に基づいていること。例えば、農家と農協は保護政策を要求して自民党に陳情する。自民党はそれを受けて農水省に働きかけ、農水省は保護政策を立案する。各構成者は一定のパターンにそって分散的に行動しているが、その結果、利益誘導構造を形成しているのである。第三に、各構成者の間に相互作用がみられること。農家と農協は、自民党が要求に応えない場合は圧力を強めるか選挙協力を止める。自民党は農水省が要求に応えない場合は、国会での法案や予算案の可決に協力しないと圧力をかける。農水省は自民党の要求が際限を超えないよう働きかける。このような形で各構成者は相互に作用し合う関係にある。以上のことから、農政トライアングルの形成も自己組織化の概念を応用して説明することが可能であると考えられる。

▸ 自己組織化のメカニズム

ではリーダーや制御装置が存在しない無秩序な状態から、どのようなメカニズムで自己組織化は発生するのだろうか。本書では主に物理学者イリヤ・プリコジン★11が提唱した散逸構造理論を基にした枠組みを応用する。それによると自己組織化が起こるプロセスは、以下のように要約される。まず外部からの圧力を受けて、何らかのエネルギーが蓄積されることで、非均衡かつ不安定な状態が生まれる。次に、エネルギーの蓄積が臨界状態（ゆらぎ）に達すると、それに対応する各個体の相互作用の結果として、以前の状態とは異質の新しい流れが生じる。最後に、新しい流れを増幅・再生産させるような作用（正のフィードバック効果）が発生すると、各個体は何らかの規則やパターンにそった行動を続けるようになり、その結果として自己組織化が完成する。

自己組織化の発生メカニズムを詳細に説明するには、やや複雑な解説と紙幅を要するので、読者の混乱を避けるために、本章の最後（26ページ）で詳説を提示することにする。

▸ 自己組織化を応用する意義

本書では、農政トライアングルは自己組織化された構造であるという仮説を立て、その検証を通じて農政トライアングル形成のメカニズムを解明する。先行研究においては利益誘導行為に焦点を当てて議論されてきた農政トライアングルについて、本書が自己組織化という概念を応用した全く新しい視点から検証をおこなう意義や利点について簡潔に述べておきたい。

第一に、自己組織化を応用することで、農政トライアングルを固定化した構造としてではなく、構成者のダイナミックで連続した行動の集合体として捉えることが可能になる。「鉄の三角同盟」という名称が示唆するように、農政における利益誘導構造は非常に強固なものであった。しかし本書における詳細な検証は、農政トライアングルの構造が鉄のように固定したものではなく、生物の群れや大気の渦と同様に構成者の絶え間ない相互作用によって作られた流動的なものであったことを明らかにする。自己組織化の概念を応用することで、農政トライアングルについてより正確かつ緻密な記述や説明を提示することが可能になると考えられる。

第二に、自己組織化を応用した因果メカニズムの検証は、農政トライアングルが形成されたタイミングについての説明を可能にするという利点がある。利益誘導にのみ注目したアプローチでは、いつ・どのようにして利益誘導が始まったのかという点を説明することが難しい。それは同アプローチが、各構成者は同様の政策選好を持ち、利益誘導するインセンティブを持っていたという仮定に基づいて議論を展開するからである。しかしそれでは農政トライアングルが存在しなかった時期の状況は説明できないし、ある時点で利益誘導が始まった理由も不明である。また本書の歴史分析が明らかにするように、上記の仮定は正確ではなく、むしろ構成者の間では激しい衝突や意見の対立が長期にわたって続いていた。鉄の三角同盟論では説明が困難である農政トライアングルが形成されたタイミングやメカニズムを、本書は理論的に説明することを試みる。第三に、本書のアプローチはなぜ農政トライアングルが現在存在する形で形成されたのか説明することを可能にする。終章で議論するように、鉄の三角同盟の構成員は別の集団・政党であった可能性も十分に考えられる。また利益誘導の方法も主にコメに対する価格支持や補助金を基にしたもの以外であった可能性もある。なぜ農政トライアングルは別の形で形成されなかったのか。この問いに対する答えも、行為者のインセンティブのみに注目する鉄の三角同盟論では説明が難しい。同論の観点からは、各構成者が利益誘導をインセンティブとしていて、農政トライアングルを構成するのは利益を拡大するためという説明がなされる。しかしそれでは、なぜ別の形態の利益誘導行為を選択しなかったのか説明することはできない[★12]。

最後に、農政トライアングルが形成され維持されてきたメカニズムを明らかにする本書のアプローチは、農政トライアングルの将来を考察することを可能にする利点がある。農政トライアングルが形成され、数十年にわたって維持されてきた過程と必要条件がわかれば、それが変化あるいは崩壊する条件も自ずと明らかになるだろう。したがって本書の知見は、農政トライアングルが現在どのような状態にあるのか、そして今後どのような展開をむかえるのかという点に重要な示唆を与えることができる。これは本書のアプローチが、学問的・理論的な面だけではなく、実用的な面でも利点を持っているといえる点である。農政の将来については、終章で詳しく論述する。

6▸ 戦後日本農政を形作った重要な政策

本書の主目的は農政トライアングルの形成過程を解明することであるが、同時に戦後の日本農業が発展してきた過程についても明らかにしたい。具体的には、1945年から1970年代にかけての日本農業に関する政策や産業構造の形成に重要な影響を与えた法律が生み出された背景と、それらが日本農業に与えた影響を検証することである。それらの法律は農政トライアングルの誕生にも密接に関連しており、その分析は本書において不可欠なものとなる。

戦後日本においては農業に関する多数の法律が制定されてきたわけであるが、それらの法律において特に重要なものとして、食糧管理法（1942年）、農業協同組合法（1947年）、農地法（1952年）、農業基本法（1961年）の4つがあげられる。それらの重要性について元農水事務次官の高木勇樹は、「戦後の農政をざっと振り返ると、食糧管理法と農業協同組合法と農地法があり、1961年に制定された農業基本法がある。特に食管法、農協法、農地法はトライアングルとして戦後農政の根幹だった」と述べている（菅2020, p. 2）。同じく元農水事務次官の奥原正明も「戦後の農業政策の枠組みは、食糧管理法、農協法及び農地法の3つの法律によって形成された」（奥原 2019, p. 181）として、その重要性を指摘している。さらに農業経済学者の大泉一貫も、55年体制においては「兼業農家維持、自作農維持という保護農政」が維持され、「それを食糧管理法と農地法と農業協同組合法のトライアングルで進めた」と述べている（菅 2020, p. 122）。同様に本間（2010）も、「日本農業は戦後、農地法、食糧管理法、農業基本法を制度的柱とし、様々な農政の展開とともに営まれてきた」としている（p.356）。

興味深いことにこれら4つの法律の制定は、農政トライアングルの形成と極めて密接にかかわっており、これらの法律の存在無しには農政トライアングルは形成されなかったといっても過言ではない。まず食糧管理法（食管法）は、戦時期に政府が食糧（主にコメ）の流通・販売を管理し、食糧の需給と価格を安定させることを目的として1942年に制定された。そして産業組合（その後、農業会に改組）に大きな権限を与えコメの集荷・流通を担わせたため、同組織が農業経済に強い影響力を持つこととなった。元々戦争遂行のために制定された法律であったが、終戦後に食糧不足が深刻化したため、同法に基づく食糧管理体制は維持された。農業会が有していた権限についても、その後身である農協に引き継がれ、農協が戦後の農村で絶大な影響力を持つ一因となった。1960年代に入ってコメが生産過剰となった後も、同法に依拠した価格支持政策が続けられた。同法が廃止されたのは1995年であり、53年の長きにわたって日本の食糧政策の根幹として機能し続けた。

次に農地法は、農地の売買や転用を規制する法律で1952年に制定された。同法の目的は地主制を解体した農地改革の成果を恒久化することで、自ら耕作をする農家以外に農地の所有を認めない原則（「自作農主義」あるいは「耕作者主義」）を基本としていた。これは戦前のように地主が大量の農地を取得して地主制を復活させることを防ぐためであった（また宅地や商業地などへの転用を制限することで農地を保全する目的もあった)。農地改革の結果として農村コミュニティの構成者のほとんどは小規模な土地持ち農家に均質化されたが、農地法がその社会構造を固定化した。

2009年に同法が改正されたことで、農業生産法人(2016年からは「農地所有適格法人」と呼称)などといった農家以外も農地を所有することが可能となった。しかし一般の株式会社による農地所有は、現在も認められていない。自作農主義に基づいた農地法による厳格な農地の規制が50年以上続いてきたことで、日本農業の担い手は小規模な家族経営農家が中心となり、規模拡大や新規参入が制限されてきた。

そして農協法は、農業者の協同組織の発達を促進することを目的として1947年に制定された。これにともなって戦時期に設立された農業会が解体され、農業協同組合として再編成された。農業会の組織・人材を受け継ぐ形で生まれた農協であったが、その組織的性質は同法によって規定された。農政トライアングルに関して特に重要なのは、1954年の同法改正によって、信用事業をおこなう農協および農協連合会に対する会計監査権が全国農業協同組合中央会(全中)に付与され、全中が農協の指導組織として機能するようになった点である(第37条第2項。同規定は2015年に廃止された)。全中は農協の政治組織としても重要な役割を果たし、自民党や農林省に対して積極的なロビー活動や政策提案・協議・陳情などをおこない、同時に農村票の動員などを主導した。農協法によって規定された全中は、農村コミュニティ全体の利益を代表し、自民党との政策協議などを通じて、農村と自民党の間の緊密な連携を可能にした。

最後に農業基本法は、農業政策の長期的な目標を定めることを目的として1961年に制定され、その重要性から「農政の憲法」とも呼ばれた。同法では、農業生産性の向上と農家所得の増大を通じた農工間の所得格差の是正が、政策目標として掲げられた。農協と自民党の農林議員は、農工間の所得格差の是正の部分を拡大解釈し、政府による農産物の価格支持や農業保護の強化を正当化する法的根拠として利用した。その結果、いわゆる「米価闘争」が激化し、農村と自民党の農林議員は緊密に連携するようになり、農政トライアングルが機能を始める重要なきっかけとなった。

以上のように、食糧管理法、農地法、農業協同組合法、農業基本法の4つの法律は、戦後の日本農業の展開に重要な影響を与えたが、同時に農政トライアングル形成の必要条件が生じる起因となったという意味で、本書にとっても重要な分析対象である。したがって本書では、これらの法律制定の政治的・経済的背景を詳しく検証する。

7▶ 本書の構成

第1章以降の構成は以下の通りである。第1章では戦前日本における農業政策の展開を概観し、食管法・農地法・農協法の制定につながる制度的・思想的基盤が醸成された背景を検証する。明治初期から中期にかけては、西洋(特に米・英)の農法を基にした商業的かつ大規模な農業が志向された。しかしその後、政府の農業政策は伝統的な稲作中心の農業に回帰し、技術改良を通じた生産力向上が政策目標となった。大正期に入ると市場経済の発展にともない、農村内の格差が広がって地主制が拡大した。地主と小作農の衝突も増え、全国的に小作争議が発生し、農村の不安定化につながった。農林省は小作農の保護と土地制度改革を目的として小作法の制定を目指したが、地主層の抵抗にあい断念した。だがその後も土地制度改革(究極的には地主制の廃止)という政策目標は維持され、戦後の農地改革につながった。戦時期には、戦争遂行のために更なる食糧生産力の拡大が急務とされ、農産物の供出や流通を国家が管理することを可能にするために、食糧管理法が制定された。同法の遂行にあたっては、(後に農業会に再編される)産業組合が主要な役割を果たすこととなった。農業会が果たした行政代行機関としての役割は、戦後には農協が受け継ぐこととなった。このように戦前の農政の展開と農林省の政策目標は、食管法・農地法・農協法の制定に密接につながっていた。

第2章から第6章までは、上記の法律が制定された背景を探りながら、農政トライアングル形成の必要条件が整っていった過程を明らかにしていく。第2章では、第一の条件である「農村の均質化」に注目し、占領期に遂行された農地改革とその成果を恒久化するために農地法が制定された背景を探る。封建的な地主制が軍国主義の支持基盤の1つとなったと考えた連合国最高司令官総司令部（GHQ /SCAP、以下ではGHQと記述する）は地主制の解体を日本政府に促し、これを好機ととらえた農林省は徹底した農地改革を図った。これに対して地主層や保守政党から強い反発が起こったが、農林省はGHQの後押しを受けつつ農地改革を断行した。その後地主制が復活することを危惧した農林省は、農地改革の成果を恒久化するために、農地取得に上限を設けて農地の所有を耕作者に限定する農地法を制定した。この結果、ほぼ全ての農家が小規模な農地を所有し自ら耕作する自作農となり、農村コミュニティの格差解消と均質化につながった。均質化したことで農村コミュニティの利益も調和され、農村が一体として政治活動をおこなうことが容易になった。また農地が細分化・小規模化したことで農家の経営合理化は困難となり、政府からの支援への依存傾向が強まった。

第3章では、第二の条件である「農協による政治動員」に焦点を当て、農協の制度的性質を規定し、様々な権限や特権を付与することとなった農協法が制定された過程を取り上げる。戦時期には農会や産業組合を統合して農業会という組織がつくられ、農村の組織化や食糧管理体制の運営に重要な役割を果たしていた。終戦後GHQは、戦時経済の一端を担った非民主的な団体と考えた農業会を解体し、農家が自主的に運営する協同組合の設立を指示した。だが農業会を設立した農林省は、同会の解体には消極的であった。食糧不足が深刻化したことで、食糧の供出と配給にあたって既存の食糧管理体制の維持が不可避となったため、GHQは農林省の意向を黙認し、農協法が制定され、農業会の組織と人材をほぼそのまま移行する形で農協が設立された。このため農協はその前身である産業組合や農業会と同様、行政代行機関として農村コミュニティを組織的に主導する役割を果たすこととなった。さらに1954年の農協法改正で、農協の監査・指導組織として全中が設立された。全中はその後、農村コミュニティ全体の利益を代表する政治マシーンとして機能するようになり、農業従事者の全国的な政治活動が活発化することとなった。

第4章と第5章では、第三の必要条件である「保守政党と農村の間の緊密な連携」に焦点を当てる。このテーマについては、多くの先行研究において検証がおこなわれているが、それがなぜ・いつ起こったかという点については、研究者の間でも見解が分かれている。農村の保守化の理由とその時期についての見解は、①農地改革の結果（1940年代後半）、②革新政党と農民組合の内部抗争と分裂（1950年代前半から半ば）、③農協による政治動員（1950年代〜1960年代初め）などがある。第4章では、こうした仮説を検証し、農協と保守政党が緊密に連携するようになった背景とそのタイミングを探る。1945年から1960年の期間の農村と政党との関係を通じて明らかになるのは、以下の点である。農地改革後も農村では革新政党と農民組合の影響は維持され、農家が土地持ち自作農になったことで保守化したという訳ではなかった。また革新政党や農民組合は内部抗争や分裂によって弱体化したものの、1950年代に入っても農村における革新政党への支持は緩やかに拡大していた。そしてそのころ農協も深刻な経営危機に直面し、他の農業団体からの政治的圧力を受けるなどして、効果的な農政運動を展開できずにいた。それゆえ保守政党と農村の関係も1950年代にはまだ緊密ではなかった。そしてそれが実現したのは1960年代に入ってからであった。

第5章では、1961年の農業基本法制定とその後の米価闘争の検証を通じて、自民党の農林議員と農協が緊密に連携するようになった過程を追跡する。高度成長の結果として農業とそれ以外の産業の格差が顕著になったことを受けて、農業政策の基本方針と長期展望を定めることが求められ、農業基本法が立案された。農林省は農地の集約・拡大を図り、同時に農業作業の機械化を進めて、生産性を向上することで農業収入の拡大を実現することを基本法の柱として原案を作成した。ところが農協や自民党からの圧力によって、農林省の法案は修正を余儀なくされた。その結果、成立した基本法は実効性を欠き、農林省が期待したものとは全く反対の効果を生むこととなった。特に同法が政策目標の1つとして掲げた「農工間の所得均衡」が拡大解釈され、米価の大幅引き上げを正当化するものとして農協や農林議員に利用されるようになり、政府・自民党幹部もその圧力に抵抗できなくなった。その後、毎年繰り広げられた米価闘争を通じて自民党による農業行政への介入が常態化し、部分的ではあるが農村と自民党の連携が確立した。ついに農政トライアングルが機能しはじめたのである。

第6章では、1969年に導入された総合農政の影響について検証する。1960年代には米価の大幅引き上げが続いたが、政府・自民党幹部と農林省は米価抑制を志向し、米価闘争において農協と農林議員らと激しく対立し続けた。つまり依然として「農村と自民党の連携」は部分的であり、「農林省による農業保護政策の積極的な立案」も実現してはいなかった。こうした政府・自民党幹部と農林省の姿勢が変化したのは、総合農政の導入がきっかけであった。同政策の目的は、拡大を続けていた食管会計の赤字と余剰米の問題を解決するために、コメの生産調整（減反政策）を実施することであった。そして減反に同意した農家には、奨励金が支給されるようになった。コメの生産量に一定の歯止めをかけることで、食管制度はその後も維持された。そして農業施設などの整備や農地改良あるいは自由化に対する所得補償という形の補助金も拡大を続けた。総合農政の導入以降は、政府・自民党幹部と農林省も補助金を基軸とした農業保護政策の立案・遂行に前向きな姿勢をとるようになった。こうして農政トライアングルの構成者全てが農業保護政策を支持するようになり、農政トライアングルが完全な形で形成されたのである。

終章では、第1章から第6章で提示する歴史分析から得られた知見を基に、自己組織化の観点から農政トライアングル形成のメカニズムを三段階に分けて説明を試みる。この自己組織化の第一段階においては、農村の均質化と農協による政治動員が進んだ。その結果、経済的に脆弱化した農家の利益を代表して、政治的影響力を高めた農協が、政府による保護政策を強く要求するようになった。農家と農協による農政活動は年々激しさを増し、強力な政治的エネルギーが蓄積された。第二段階では、自民党内において農林議員の活動が活発化し、農業基本法の制定（1961年）によって、政府・与党幹部も政策決定過程において彼らを制御できなくなるほどになり、深刻な混乱が度々生じるようになった。これはゆらぎに相当する不安定な臨界状態であった。そして政府・与党幹部は、農協と農林議員からの米価引き上げ要求に対して大幅な譲歩を余儀なくされた。こうした利益誘導はその後常態化し、新しい流れが生まれた。加えて総合農政の導入（1969年）によって、与党幹部と農林省も補助金の支給に積極的になった。第三段階では、各構成者の行動がパターン化されて、利益誘導が循環するようになり、相互依存関係が強まり、正のフィードバック効果が生じるようになった。こうして農政トライアングルはより強固な構造へと進化し、自己組織化が完成した。その後、半世紀以上にわたって農政を支配する道が開かれたのである。

同章の後半では、政治制度・政策の研究における因果メカニズム解明と過程追跡の重要性について議論する。今日の政治学では因果推論を主目的とした研究が重視されている。そうした研究においては、統計学の高度な分析モデルなどを駆使して原因や因果効果を解明することに焦点が当てられているが、因果関係のメカニズムについては十分な関心が払われないことが多い。すなわちどのようなプロセスを経て原因と結果の間に因果効果が生まれたのか、因果関係が生まれた歴史的背景は何かといったような問いに対する答えは十分に提示されないことが多い。本書では、因果推論につながる「why」で始まる問いだけではなく、過程追跡につながる「how」で始まる問いの重要性を指摘する。

最後に、本書の知見に基づいて、農政トライアングルの現状と将来の展望について考察をおこなう。農政トライアングルの各構成者に近年生じた変化と、それが行動パターンやフィードバック効果にどのような影響をもたらしたかについて検証し、農政トライアングルが現在どのような状況にあるのか、そしてその将来について議論する。

8 ▸ 自己組織化メカニズム詳説

本章の最後に、自己組織化のメカニズムについて詳細な説明を提示したい（理論的な議論にあまり関心のない読者は、この部分を飛ばして読んでもらってもかまわない）。

散逸構造理論によると、自己組織化が起こるプロセスは、以下のように説明される。第一に、開放性を持った環境において、外部の影響を受けてエネルギーが蓄積されると、非均衡かつ不安定な状態が生まれる。水の対流を例に説明すると、容器に入った水に下部から熱が加えられると、熱源に近い部分から水温が上がり、容器内に水温の差が生じる。容器の中には、熱エネルギーが蓄積された高温部分と、熱エネルギーが少ない低温部分が混在した非均衡状態が発生する。ちなみに外部と遮断されて影響を受けない閉塞的な状態では、自己組織化は発生しないとされている。

第二に、局地的なエネルギーの蓄積が進み、非均衡の状態が拡大して臨界状態に達すると、「ゆらぎ」と呼ばれる現象が発生する。ゆらぎとは「既存の発想や枠組みには収まりきらない、あるいはそれでは処理できない現象」を指す（今田 2005, p. 19)。ゆらぎが発生すると、それ以前の状態が崩壊して新しい流れが生まれる 。そして「不安定な状態ではこの挙動に他の要素が引き込まれて大きなうねりとなる」(p. 19)。水の対流の例では、水温差が広がると高温の水は膨張して密度が小さくなり、上昇を始める。一方で、低温の水は下降を始める。こうした流れは、水の分子が相互に作用（高温の水と低温の水が入れ替わる）することで生じる。

第三に、ゆらぎが起こした流れを増幅・再生産する効果が発生する。既存の状態を破壊する形で生まれた新しい流れに対して、外部あるいは内部からの反応が生じ、流れを増幅させる機能を果たすことがある。これが「正のフィードバック」と呼ばれる現象で、流れが再生産されることで自己組織化が完成するのである。対流の場合、（熱源が容器の底にあるならば）上昇した高温の水は、上部にあった低温の水を底部に下降させる。上昇した高水温の水は上部で空気に触れて冷やされ、底部で熱された水との温度差が生まれ、再び底部に下降する。この循環においては、各水分子は「熱されると上昇し、冷えると下降する」という行動パターンを繰り返す。そのため底部での加熱と上部での冷却が続く限り、対流が再生産されるのである。また同時に「負のフィードバック」が生じることもある。これはゆらぎを縮小させ再生産を難しくする効果である。対流の場合では、熱された水が蒸発することで水の体積が少なくなり対流の規模を縮小させる。最終的に一定量以上の水が蒸発すると、対流も消滅してしまう。

以上をまとめると、自己組織化が発生するメカニズムは次のように要約される。まず外部からの影響を受け、何らかのエネルギーが蓄積すると、非均衡かつ不安定な状態が生まれる。次に、それが臨界状態に達すると、各個体の相互作用の結果として、以前の状態とは異質の新しい流れが生じる。最後に、新しい流れを増幅・再生産する正のフィードバック効果が生じると、各個体は何らかの規則やパターンにそった行動を続けるようになり、自己組織化が完成するのである。

註

★1――他にも農政トライアングルが保護政策をもたらした背景について言及したものは、Calder (1986), Curtis (1988), Mulgan (2000, 2005, 2006), 山下(2009)などがある。

★2――「小作制」あるいは「地主・小作制」とも言うが、本書では地主制と表記する。

★3――例えば、1994年の選挙制度改革の際、当初は二大政党制の実現を目的として小選挙区制の導入が目指されていたが、少数政党からの支持を得るために大政党が妥協した結果、小選挙区比例代表並立制が導入されることとなった。もう1つの例としては政令指定都市制度がある。同制度は府県と大都市との対立と妥協を反映して形成された制度であるが、そこでは大都市の権限を拡大するという当初の趣旨が損なわれたことが指摘されている(北村 2013)。

★4――慣習法の例をあげると、ウィーン条約のように外交ルールに関する国際法には、長年の外交関係の中から自然発生した伝統的な慣習が制度となったものが多い。

★5――意図されずに自然発生する政治的制度や構造もまれに存在する。例えば、核保有国の間の相互確証破壊に基づいた関係は、核保有国の核抑止戦略が近似性を持つことで自然発生的に構築されたものといえる。

★6――政治学においても自然発生した現象が扱われることはある。例えば、政策ネットワークや相互確証破壊システムといったものがあるが、それらの研究も因果効果や現象そのものの性質などに注目したものがほとんどで、形成プロセスが注目されることは少ない。例えば、政策ネットワークの研究の焦点となるのは、政策ネットワークの機能やアクター間の相互依存性やマネジメントなどといった点である(木原 1995;正木 1999)。その意味では、鉄の三角同盟論と類似したアプローチであるとも言える。

★7――こうした現象は複雑系(あるいは非線形)とも呼ばれ、単純系(線形)と区別される。ミッチェル(2009)は、複雑系について「数多くのコンポーネントから構成されながらも、単純な運用規則を持つのみで中央制御装置を持たない大規模なネットワークから、集合体としての複雑な振る舞い、複雑な情報処理や、学習、進化による適応が生じるシステム」と定義している（p. 35）。

★8――コンピューター工学の専門家であるクレイグ・レイノルズが提示したボイド・モデルによると、こうした一体的な行動は、たった3つの行動パターンによって形成されているという。それは ① 接近（より多くの個体がいる方向に近づく）、② 平均化（近くにいる他の個体と速度・方向を合わせる）、③ 衝突回避（近くの個体から一定の距離を保つ）の3つである（井庭・福原1998；小田垣ほか 2022）。

★9――女王アリという名称から、集団のリーダーと考えがちであるが、女王アリの役割はひたすら産卵するのみで、集団を主導するような行動はしない。

★10――また松野・花本（2013）も、アリの群れがみせる高度で効率的な利他的行動や分業行動を自己組織化ととらえ、「アリは自身の周囲の局所的な情報に基づいて行動し、それが積み重なることによってこうした集団の振る舞いが創発されている」と主張する（p. 227）。例えば、南アメリカに生息するグンタイアリは、大群で行列を作って移動する際に、進路に穴や溝があると、自らの体を使って穴や溝の上に橋を作り、他の個体がスムーズに移動できるようにするという。こうした現象も単純な行動パターンから自然発生するという。

★11――プリコジンは散逸構造理論の研究によって1977年にノーベル化学賞を受賞している。

★12――例えば、捕食者に襲われた魚や鳥が一体的な群れ行動をとるのは、生存意欲というインセンティブを持つ各個体が、生存の確率を上げるためとも説明できる。つまり群れ行動は、生存戦略であると考えられる。しかし生存意欲のみに注目していては、なぜ群れが一体的な同期行動をとるのかという点については説明が困難である。それは生存戦略が他にも存在するからである。各個体が捕食者からひたすら遠ざかる方向に移動する、あるいは他の個体から離れて拡散するという行動でも生存の確率を上げることは可能である。一体的な群れ行動が発生することを説明するには、各個体が一定のパターンにしたがって行動していることを理解しなければならない。同様に、なぜ農政トライアングルが既存の形態で形成されたのかを説明するには、行為者のインセンティブだけではなく、その行動パターンとそれが発生するメカニズムを理解することが必要不可欠なのである。

第1章

戦前の農政

戦後の農政における利益誘導構造は一般的にもよく知られているが、戦前日本の農業政策については一部の専門家以外にはあまり知られていない。序章でも述べたように、戦前の農政は戦後とは明確に異なる形で展開していた。戦前には農政トライアングルと呼べるような利益誘導構造は存在せず、農村・保守党・農商務省（1925年から農林省）の間の関係も戦後とは大きく違い、農村コミュニティ内部にも大きな断絶が存在した。しかしながら戦前と戦後の農政には重要な継続性がみられることも確かである。

大正期から昭和初期にかけての農業政策は、戦後の農政トライアングルの形成につながる制度発展をもたらした。その意味では戦前の農政を検証せずして、農政トライアングルの誕生を語ることはできない。本章では明治から昭和初期にかけての農政を概観し、戦後における農政トライアングルの自己組織化につながった諸制度の発展とその背景を探る。なお本章の内容は主に筆者の既刊書である『農業保護政策の起源』（勁草書房, 2018年）に依拠している。詳細な資料や論拠などについては同書を参照されたい。

1 ▸ 明治時代

明治維新直後の日本政府にとって最大の政策課題は、日本を近代化し、アジアで植民地支配を拡大する欧米列強に引けを取らない軍事力・経済力をもった国家を築くことであった。そのため「殖産興業」や「富国強兵」といったスローガンの下、欧米の最新の技術や機械を導入して新しい産業を興し、市場経済の発展を進めた。むろん農業も例外ではなく、殖産興業政策の一環として欧米から技術者が招かれ、欧米型農法の導入によって農業の大規模化・商業化を目指す「勧農政策」が、明治初期から中期にかけて進められた。同政策の主な目的は、主力農産物を従来のコメから麦類や茶や生糸や羊毛などといった国際市場において需要の高い商品作物に移すことであった。そしてこれらの農産物を海外市場に輸出して獲得した外貨を鉱工業に投資し、さらなる産業化・近代化を進めるという計画であった。

欧米の最近農業技術を導入して水田稲作への依存から脱却し、畜産や畑作を奨励するために、各地で官営の試験研究機関や大規模農場などが作られた。そして農業教育機関として札幌農学校(北海道大学の前身、1876年)や、駒場農学校(東京大学農学部・東京農工大学の前身、1877年)などが創設された。こうした農学校ではお雇い外国人教師によって欧米農業技術の指導がおこなわれ、農業技術者の育成が進められた。

勧農政策が導入された背景には、岩倉使節団(1871〜73年)の一員として欧米諸国を視察し先進的な欧米型農法に感銘した大久保利通や、ヨーロッパ滞在経験を持っていた松方正義らの存在があった。彼らは日本農業の近代化を訴え、欧米の大規模化・商業化した農業をその手本とすべきであると考えた。こうした農政観は後に「大農論」と呼ばれ、明治中期まで政府の農業政策の思想的基盤となった。

しかし気候が大きく異なる日本への欧米型農法の導入は技術的困難に直面し、各地に作られた大規模農場のほとんどは経営不振に追い込まれた。さらに1880年代にはいわゆる「松方デフレ」によって農産物の値段が暴落し、農村経済は大打撃を受けた。こうしたことから稲作を中心とした在来農法を維持し、小規模家族経営を支援すべきとする農政観が支持されるようになり、勧農政策への批判が高まっていった。こうした考え方は後に「小農論」と呼ばれ、大農論と小農論のそれぞれを支持する者の間で活発な政策論争が起こった。

1890年代に入ると不況に苦しむ小規模農家に対する救済策として、協同組合の設立を主張する農業官僚・政治家が現れ、中小農保護の起源ともいえる政策の導入が目指された。その具体化が1900年に制定され、農協の前身の1つとなった産業組合の設立を法制化した産業組合法である。同法の制定を主導したのは、共に1870年代にドイツに留学し、その後官僚として農商務省や大蔵省などで勤務した後に大臣などの要職を務めた品川弥二郎と平田東助★1であった。品川と平田は、中小農に対して経営資金を供給する制度がないことを問題視し、ドイツ留学中に研究した「協同主義★2」に基づく信用組合制度の導入を志した。同法の制定には10年近くの年月を要したが、1900年の施行後は全国各地に産業組合が設立され、信用事業に加えて農産物の販売や農業資材の共同購入などといった事業もおこなわれ、中小農の経営を支援する制度が形成された。

また同じころ、保守系政治家や農学者の間で小農論への支持が高まり、勧農政策への批判と政策転換の必要性が叫ばれた。その結果1900年代初頭になって、より現実的な農業政策として、既存の稲作と小規模家族経営を中心とした農業を維持し、農地改良や技術指導を通じて生産力の向上を目指す政策が進められるようになった。こうした明治中期から後期にかけての政策は、後に「明治農政」と呼ばれた。明治農政においては、「老農」と呼ばれたベテラン農家が在来農法を改良したものに、技術者が学術的な知見を加え体系化したものを普及させる取り組みがおこなわれた。その技術指導は、「地主の社会的権力を拠り所」(庄司 1999, p. 47)としていたが、行政による厳格な検査・命令・強制などがともなうこともあり、時には帯刀した巡査による取り締まりがおこなわれたため「サーベル農政」と呼ばれることもあった。こうした強権的な手法は農民の反感を招くこともあったが、稲作の生産性を高めるうえでは一定の成果があったと評価されている(暉峻 2003)。

明治中期以降になって新しい政策の導入をもたらした協同主義と小農論の間には、理論上の相違点もあったが、両者が融合し、さらに新しい要素を取り入れながら理論的な発展を遂げた。その後、小農論は大正期・昭和初期の農政をリードした農務官僚の政策指針として受容され、戦時期から戦後にかけて日本の農業政策に重大な影響を与え続けた。またそれらの思想に基づいて導入された産業組合制度や中小農の保護を目的とした農業政策は、戦後の農政トライアングルの形成につながった。

2▸ 大正時代の農政

1900年代から1920年代にかけては、保護主義的な農業政策が導入されるようになり、食糧の生産と流通に対する国家の介入も段階的に進められた。その結果として産業組合の機能と権限が段階的に強化され、戦後の農協が農村コミュニティを組織・主導する体制の基盤が形成されることとなった。そしてこの時期大きな問題となっていた地主層と小作層の対立（小作争議）を解消し、困窮する小作農を救済するために土地制度の改革が試みられた。小作争議への対策と地主制の改革を目指す政策は、戦後の農地改革と農地法制定につながる一連の流れの発端となった。

▸米価政策

1904年に勃発した日露戦争の戦費調達を目的とした非常措置として、政府は1905年に米穀輸入関税を設けた。そして1911年に関税自主権にともなう関税改正で輸入関税が固定化されると、それは国内農業を保護する政策としてその後も維持された。同時に台湾や朝鮮などの植民地（「外地」）ではコメの生産が奨励され、外地産のコメは無関税で日本へ「移入」された。しかし1914年のコメの豊作と外地からの移入米の増加は、国内米価の急落を招いた。これを受けて政府は米価の変動を抑制することを目的として1917年に農業倉庫業法を制定し、余剰米を政府が買い上げ農業倉庫に備蓄して供給量を調整する制度を構築した。そして政府はこの農業倉庫の経営を産業組合に任せることとなった。

しかし1918年には第一次世界大戦による好景気と内地におけるコメの不作などを受けて今度は米価が高騰し、米騒動が勃発したため政府はさらなる市場介入を余儀なくされ、1921年に米穀法が制定された。同法によって豊作時における余剰米の買い上げと不作時における備蓄米の売却を政府がおこなうこととなり、同時に外米関税の調整を通じて米価の急激な変動を防ぐ制度が導入された。そしてコメの買い上げや備蓄などの業務は産業組合が請け負うこととなり、行政代行機関としての機能が強化された。この時つくられた米穀調整の制度は、戦時期に構築された食糧管理体制の基盤となった。

同時期の米価調整政策には、都市部住民のために食料価格の上昇を防ぎ企業家たちのために賃上げ圧力を抑制するという一面と、米価の暴落を抑制し農業関係者の収入減を防ぐという一面があった。後者については、政友会の議員を通じて活発な陳情活動をおこない、米価引き上げを訴えた地主層の意向を反映していた。政友会は当初政府による市場介入に消極的であったが、米価の乱高下が収まらない事態を受けて、米穀需給調整制度の導入を受け入れた。しかしこうした米価政策の恩恵を受けたのは主に地主層であり、中小農・小作農に与える影響は限定的であった。なぜなら中小農や小作農は、経営力が脆弱で倉庫を持っていなかったため、米価が最も低い秋の収穫期にコメを売らざるを得なかったからである。特に小作農は収穫の大半を小作料として現物(主にコメ)で地主に納めていたため、米価引き上げの恩恵は大きくなかった。他方で、地主層は米価が高騰した時を待ってコメを売却することで高い利益を上げることが可能であった。この時期の農政運動は、帝国農会という政治団体で組織された地主層が中心となっており、農村コミュニティの大部分を占める中小農・小作農などの利益が反映されることはほとんどなかった。

▸ 小作関連政策

1873年に地租改正がおこなわれて土地の私的所有と売買が認められ、農民の多くが中小規模の土地を持つ自作農となった。しかしその後、市場経済が発達して農村が不況のあおりを受けると、借金返済のために保有する土地を手放し、小作農に転落する者が出てきた。その一方で裕福な農民は農地を買い集めて地主となり、なかには耕作は全て小作農に任せて、農村を離れ都市部に住む者(いわゆる「寄生地主」)も現れ始めた。1920年代に入ると小作料の引き下げや小作権の強化を訴える小作農と、それに反対する地主との間で小作争議が頻繁に起きるようになり、時にそれは暴力をともなう激しい衝突に発展することもあり深刻な社会問題となった。

農村コミュニティの秩序崩壊を恐れた政府は、小作争議の早急な沈静化を目的とした小作関連法案の立案に着手した。同法案の立案にあたっては、農商務省が主導的役割を果たした。なかでも農商務省農務局農政課長の石黒忠篤や農政課小作分室長の小平権一とその配下の官僚達が、省内に設置された小作制度調査委員会において法案の立案をおこなった。石黒をはじめとする農務官僚は、農村が経済的に疲弊している原因の1つは、地主が農村を支配する従来の土地制度にあると考えた。それゆえ小作農の社会的地位を向上させて土地制度を抜本的に改革することを目的とした「小作法」と小作農による組合の結成を法的に承認する「小作組合法」の制定を企図していた。しかしこれらの小作関連法案に対しては地主層から強い反発が起こり、法案の成立は見通せなくなった。

小作法案と小作組合法案が頓挫したことを受けて、石黒ら農務官僚は小作争議の調停メカニズムの整備を目指すことを優先し「小作調停法案」を立案し、同法案は1924年7月に帝国議会で可決された。小作調停法によって、各地に調停委員会が設立され、社会的弱者であった小作農の利益を守りつつ、小作争議を解決に導く場が作られることとなった。さらに1938年には農地調整法が制定され、地主・小作双方の権利が明確化された上に、小作料の金納化が規定されるなど、小作調整制度が強化された。

▶農政トライアングルの不在

小作関連法案の事例から得られる知見の1つとして、この時期には農政トライアングルと呼べるような利益誘導構造は存在していなかったことがあげられる。農村コミュニティは、地主と小作農の間で激しく対立しており、農村全体の利益を代表し政治運動をおこなうような団体も存在しなかった。農村コミュニティの大部分を占める中小農・小作農は政党とのつながりは希薄であった。小作農の多くは1922年に設立された日本農民組合（日農）に参加し、組合運動は小作争議において小作農の力となった。しかし農民組合は既成政党や官僚などと連携することはなく、政策過程への影響は極めて限定的であった（宮崎 1980b, p. 702）。地主層は帝国議会を通じて政友会と深い関係を持っていたが、農村とのつながりが深い議員は主に小物の議員で、党内の影響力はさほど大きくなかった（宮崎 1980c, p. 861）。当時の幹部議員が重要視していたのは、政党の資金源となっていた都市部の財閥や大企業であり、農村の問題は軽視されがちであった（本位田 1932, p. 38）。

さらに農業政策の立案においては、農務官僚が政党の介入を受けつつも自律的に主導的役割を果たしていた。また法律の運用にあたっては、小作調停法の事例にみられるように自らの政治理念を反映した形で進めていた。小作争議の拡大を受けて、元々農村問題を重視していなかった政党も対応を余儀なくされ、政府与党として農務官僚に対策の立案を指示した。憲政会（1927年以降は立憲民政党）はさほど積極的ではなかったものの小作関連法案を自党の政策として支持し、その成立を目指した。同法案は1931年2月になって民政党の濱口雄幸内閣の下で議会に提出され、衆議院において可決されたものの、地主層とのつながりが強く保守的な貴族院において審議未了で廃案となった。

また地主層との繋がりが深いため小作法案に反対した政友会は、小作争議の対策として1926年から自作農創設維持政策を推進した。これは小作農による農地購入を補助金で支援するもので、小作農の自作農化を進めることで小作争議を解決することを目的としていた。この政策も元々は農務官僚が立案したもので、自作農化を通じて地主制を改革することが目指された。同政策は戦時下でも継続されたものの、実際に農地を購入して自作農となった者はさほど多くなく、土地制度に与えた影響は限定的であった。いずれの政策も、政党の指示を受けて農務官僚が立案したものであり、その根幹には地主制の改革を目指した農務官僚らの政策理念があった。

つまりこの時期の農務官僚の政策立案・遂行は、自らの政治理念に基づいて進められ、政党や農村からの要望や圧力の影響は限定的であった。戦後に比べて、戦前の政党が積極的に農業行政に介入しなかった理由は、上述のように政党の農村問題に関する関心が薄かったことと、戦後の農林族議員のように農業行政に精通した議員があまりいなかったことなどがあげられる。そのため農務官僚の政策理念が農業政策に極めて重大な影響を与えることとなった。以下では、農務官僚の行動に多大な影響を与えた彼らの政治理念である「小農論」について概観する。

▶小農論

当時の農業行政を主導していたのは石黒忠篤という人物で、農務官僚の政策理念の形成にも石黒が重要な役割を果たしていた。石黒は大正から終戦にかけての官僚で、農商務省・農林省でキャリアを積み、農林事務次官（1931-34年）を務めた後、第二次近衛文麿内閣の農林大臣（1940年）や鈴木貫太郎内閣の農商大臣（1945年）を歴任し、日本の農業政策を牽引した人物であった。石黒が主導した時期の農業行政は、「石黒農政」と呼ばれた。庄司（1999）は中小農を重視する石黒農政の展開について、地主層の社会的権力に依存した明治農政からの転換を意味したと評している（p. 47）。

石黒らの政策立案の根底にあったのは、前述の小農論を独自に発展させた政策理念であった。大正〜昭和初期にかけての農務官僚の政策指針となった小農論は、以下のような構成要素からなっていた。第一に、小規模家族経営の自作農を理想的な農業の担い手とするものである。こうした見解は後に「自作農主義」と呼ばれ、第2章で議論するように戦後の農地改革および農地法制定は、この政策アイディアに基づいて遂行された。自作農主義は2009年に農地法が改正されるまで、実に半世紀以上にわたって農地政策の根幹を占めていた★3。第二に、「農業の特殊性」を強調する考え方である。農業は天候不順や自然災害によって多大な被害を受けることがあり、商工業とは根本的に異なる特殊な産業であるとされ、農業政策の立案に際しては効率性や実利性といった概念を考慮すべきではないとされた。

第三に、「中間搾取の排除」を重視する考え方である。資本主義市場経済の発展にともなって、経済的に脆弱な農民が商工業者によって搾取される機会が増えた。したがって資本主義システムに適切な修正を加え、中間搾取を排除する政策および制度の導入が必要であるとされた。第四に、農村経済の振興にあたっては農民の自助努力や隣保共助を通じて自主的な成長を促すことを理想とする「協同主義」である。これは市場経済において脆弱な存在である農民が集団で活動することで、彼らの経済的立場を強化し、商工業者と対等な商取引を可能にするという考え方であった。そして協同主義に基づいて産業組合の制度が設立され、農村経済の自立と繁栄を目指した事業を展開した。最後に、「農地規模適正化」による採算性の向上・経営安定を目指す考え方である。これは農地の零細性が農民の困窮を招く原因であるとする見解に基づいており、農民の土地所有と農地の集約・拡大を振興するものであった。大正〜昭和初期の農務官僚は、以上のような要素からなる小農論を政策指針として政策の立案を主導し、彼らが理想とする農村経済・コミュニティの実現を志していた。

戦時期に入ると政党政治が終焉を迎え軍部が台頭し、農業行政に対しては政党政治家に代わって軍部から戦争遂行上の圧力がかかるようになるが、農務官僚は時勢の要求を利用して、自らの政策理念の実現につながる政策を打ち出していく。

3▸ 昭和初期の農政

1920年代半ばから1945年にかけて起こった農業行政上の重要な展開として、食糧管理体制の確立と農山漁村経済更生運動（1932〜41年）があげられる。農林省★4は当初コメ市場への介入は消極的であったが、時局の変化と戦争遂行上の要請と圧力を受けて、最終的には国家管理体制を導入することとなった。また世界恐慌後の経済不況は農村経済に甚大な打撃を与え、苦境にあえぐ農民の救済が急務となった。政府は農村経済の合理化と計画化を目指した国民運動である農山漁村経済更生運動を展開して事態の打開を図った。これらの政策の遂行にあたって、農村において主導的役割を任されることとなったのは、またしても産業組合であった。その結果、産業組合の機能と権限が大幅に拡大され、戦後の農協主導体制の基盤につながる構造がさらに強化されることとなった。

▶食糧管理法

大正期に問題化した米価の乱高下は昭和に入っても続き、より効果的な米価調整システムの導入が喫緊の課題となった。特に戦局の緊迫化した1930年代後半以降は、軍部や内務省から農林省に対して食糧供給体制強化の圧力が強まった。1920年代後半になると台湾や朝鮮でのコメの生産量が増加し、内地への「移入米」が急増したため、国内のコメ市場は供給過剰状態になり米価が下がり続けた。さらに1930年代初頭のコメの大豊作によって、米価が暴落したため農村経済は打撃を受けた。ところが一転して1934年には東北地方が記録的な凶作に見舞われ、1937年に日中戦争が勃発し、1939年に朝鮮で大旱魃が発生した影響でコメは慢性的な供給不足に陥り、米価は上昇し続けた。

米価安定策として、まず1931年に米穀法が改正され、コメの最高・最低価格を公定する制度が導入された。この法改正は、民政党の濱口内閣が農林省に指示したものであった。農林官僚は当初市場介入に消極的であったが、この機会を利用して中小農の収入安定を図った。上述のように、改正前の米穀法は一時的な価格調整に留まっていたため、その恩恵を受けるのは米価が上がったタイミングでコメを売ることができる地主や裕福な大農に限られていた。しかし改正後は年間を通じた価格調整がおこなわれ、コメの生産費を考慮した最低価格が設定されることとなり、中小農の経営安定に資するものとなった。また移入米・輸入米の制限も恒久化されることとなった。そして1933年には米穀統制法が制定され、産業組合を通じた政府によるコメの買い入れと受け渡しが無制限におこなわれることとなった。こうして産業組合を通じた食糧の間接的な統制体制が構築され、産業組合の系統組織が間接的・自治的にコメの買い上げと販売を通じて需給・価格調整をおこなうシステムが完成した。

しかしその後も米価は安定せず、さらなる米穀統制関連の法整備が進められ、食糧管理体制が段階的に強化された。この背景には、国防上の理由から食糧不足に危機感を覚えていた軍部と、米騒動による秩序崩壊の再来を危惧した内務省から農林省への圧力があった。そして国家総動員法（1938年）の制定によって、戦時経済体制の構築が国家の急務とされた。農林省は国家統制をせずとも東南アジアからの外米輸入で米価高騰に対処できると考えたが、戦争遂行のために外貨をできる限り節約したいと考えた軍部の反対によって方針転換を余儀なくされた。その後も荷見安農林事務次官（1939〜40年）の下、政府がコメを農家から強制的に買い上げる措置の発動に抵抗し続けた農林省であったが、1940年に第二次近衛内閣が発足した際に荷見次官が更迭された後は、国家管理体制の導入に抵抗することはなかった。

1942年には東条英機内閣のもとで食糧管理法が制定され、農家の自家保有米を除いて、コメの全生産量を政府が強制的に買い入れることとなった。生産者は農産物を政府に公定価格で売り渡すことを義務づけられ、コメの集荷事業については産業組合の系統組織に一元化された。さらに政府によるコメの配給が実施されるようになり、コメの流通が国家の管理下におかれた。この食糧管理体制は1995年に食糧管理法が廃止されるまで53年の長きにわたって維持され、戦後日本の農業政策の基盤の1つとして機能し続けた。

▸農山漁村経済更生運動

昭和初期の農政のもう1つの重要な政策として、農村経済困窮の根本的解消を目的として導入された「農山漁村経済更生運動」がある。1932年に導入されたこの政策は、農村の組織化と自主的な経済計画の導入を通じて、農村経済の再生と成長を図るものであった。そして同運動によって、産業組合の機能と権限が大幅に拡大され、農林省が産業組合を通して農村コミュニティを統制する体制が確立されることとなった。

1929年に発生した世界恐慌のあおりを受けて、世界経済は未曾有の不景気に見舞われ、日本の主要輸出品であった生糸や茶などの農産物価格が急落した。当時現金収入の糧として多くの農家が養蚕をおこなっていたため、その影響は大きかった。また米価が乱高下し、天候不順による不作に見舞われたことで、多くの農民が収入減に苦しみ、借金返済のために田畑を手放す者も多かった。特に東北地方では1931年に深刻な凶作となり、食糧不足や娘の身売りなどが社会問題となった。こうした農村経済の深刻な落ち込みは、当時「農村疲弊」と呼ばれた。

農村疲弊の深刻化を受けて臨時招集された議会（第63帝国議会, 1932年8～9月）は、農村救済策を集中審議し「救農議会」と呼ばれた。同議会では、農村疲弊への対策として「時局匡救事業」の実施が採択された。この事業は「救農土木事業」と「農山漁村経済更生運動」の2つの柱から構成されていた。救農土木事業は、農地・農道の整備や灌漑工事や河川改修などといった土木事業で、1932年から34年の3年間に16億円の予算が付けられた。こうした土木事業によって農地改良をおこなうと共に、農民に短期的な雇用と現金収入の機会を与えることを目的としていた。しかしこの事業はあくまでも短期的な不況対策であって、根本的な解決策ではなかったため、それを補完し農村疲弊の長期的・根本的な解決を図るために農山漁村経済更生運動が実施されることとなった。

農山漁村経済更生運動（以下、「経済更生運動」と記述）は、市町村が主体となり「自力で」農山漁村の合理化・組織化をおこなって、経済構造を改善させることを目的とした国民運動であった。これは無計画性・無秩序・無統制などといった農村経済の弱点を修正することで、農村経済の脆弱性を克服する計画であった。農村経済の組織化にあたっては、産業組合の系統組織を利用して、政府と農村と農民を連携させることが図られた。そこでは政府－産業組合（市町村レベル）－農事実行組合★5（集落レベル）－農民（個人レベル）というネットワークを全国に構築して政府の総合的な指導体制を拡大し、農産物の生産・流通の計画化と合理化を推進することで農村経済を安定化させることが目指された。

経済更生運動の実施にあたっては、産業組合が主体となり農村経済の組織化・合理化を進めることとなり、産業組合の機能と権限が大幅に強化された。農村経済の組織化にあたっては、産業組合を通じて生産・販売に関する政府統制を強化し、農村経済に計画性を導入することが進められた。そのため各農民が産業組合の組合員になることが奨励され、農村における経済活動

（生産・購買・販売・金融など）を産業組合が総合的に主導する体制が築かれた。また様々な農業団体が再編成され、産業組合の組織下に統合されることとなった★6。農村経済の合理化にあたっては、産業組合の指導の下で、各農村が生産・経営・負債整理などに関わる更生計画を作成し、その遂行が進められた。こうした計画には、共同作業による労力の節約・調整、共同施設の普及・充実、農業の機械化、副業経営や生産品目の増加による経営の多角化、農産物の加工・商品化、農業資材などの自給自足などといったものが含まれていた。

経済更生運動の成果としては、最終目標であった農業経営の黒字化を達成するまでには至らず、生産額が増加したのは一部の作物のみであった。その要因としては全国画一的な運動の遂行や日中戦争の勃発にともなう資材不足などがあった。しかし農村の組織化や経営多角化や農業の機械化といった面では一定の成果をあげたと評価されている（岡田1982; 平賀2003）。

▶農林官僚の政策理念

経済更生運動の立案を主導したのも農林省の官僚であった。農村疲弊の対策を立てるにあたって、議員らはその内容について自ら立案する能力は持っていなかったため、ほぼ農林省に丸投げする形となった。したがって同運動は、農林官僚の政策理念を色濃く反映したものとなった。そして経済更生運動の立案を主導したのは、またしても農林省の石黒忠篤（事務次官, 1931～34年）と小平権一（農務局長）であった。1930年代初頭、農林官僚は小作法案が頓挫したことで意気消沈していたが、救農事業としての経済更生運動を自らの理念（小農論）を実現させる機会と捉え、その立案に力を注いだ。

石黒ら農林官僚は、長年の目標であった地主制の改革は一旦棚上げして、農業経営の合理化を通じて中小農・小作農を救済することを主眼においた。合理化の具体的な方策として例を挙げると、農村を組織化することで、農村経済に計画性を導入しようとした点がある。これは産業組合の指導の下、農民に「自主的」に経営計画を作成させ、合理的な農業経営をおこなわせるというものであった。また産業組合の4種兼営を促進し、協同活動を通じて生産コストを削減することで、収益性の向上が目指された。こうしたアプローチは、協同主義や市場経済の修正（中間搾取の排除）といった政策アイディアが色濃く反映されている。つまり農林官僚らは、経済的に脆弱な農民らが生き残るには、市場経済に何らかの修正を加える必要があると考え、協同組合の強化や経済計画の導入を図ったのである。さらに地主層と小作農を含む農村コミュニティの構成員を、産業組合の指導の下に組み込み、農村に一体性を持たせることで、小作争議を未然に防ぎ、小作農の社会的・経済的立場を改善する意図があった。これは中小農の保護を重視する小農論にそったアプローチであったといえる★7。

4▸ 小括

本章では戦前と戦後の農政を比較検証し、両者の間に明確な違いがあったこと、戦前には農政トライアングルと呼べる利益誘導構造が存在しなかったことを明らかにした。戦前の農村では、地主・中小農・小作農といった格差が存在し、特に地主と小作農の間には深刻な対立があり、農村が一体となって政治活動をすることはなかった。政党と農村の連携も、地主層を除いては希薄で、政党も農村の問題を重要視しておらず、農業政策に精通した政治家も少なかった。また明治以来農村を取り巻く環境は目まぐるしく変化し、深刻な経済不況や農村疲弊などの影響で非常に不確実性が高い状況での、極めて難しい対応に迫られていた。それゆえ政党は政策立案にあたっては、農商務省・農林省に大きく依存し、政策提言をおこなったり、政策立案に積極的に介入することは稀であった。そのため農林官僚らは自らの政治理念に基づいた政策立案が可能であった。

また明治期から昭和初期にかけての農政の展開を概観し、この時期の農業政策が戦後の農政トライアングルの形成につながる制度発展を促した点を指摘した。それらの制度発展は、地主制の改革・解体を目指す制度の整備と産業組合の機能・権限の拡大である。前者は、農村コミュニティの構成員を均質化し、農村の一体化をもたらした農地改革と農地法制定につながる展開で

図1.1 因果関係の図解

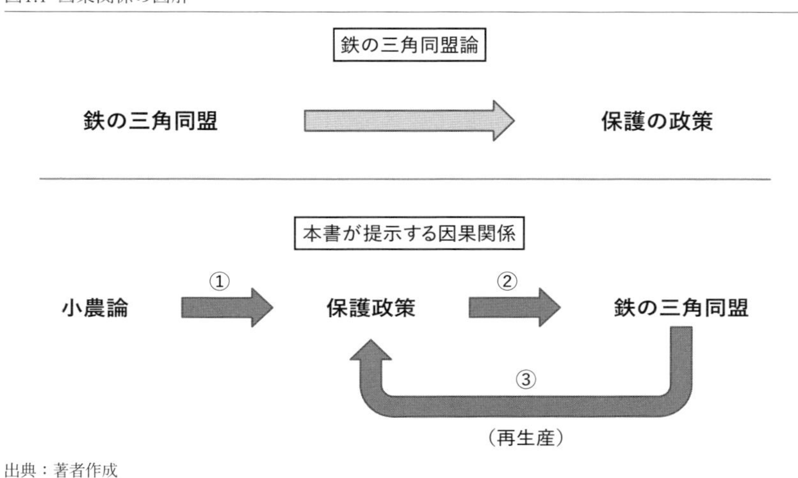

出典：著者作成

あった。そして後者は、農村を組織化し政治的な動員を可能にした農協主導体制の確立へとつながったのである。

以上の知見から、日本における保護主義的な農業政策は、鉄の三角同盟によってもたらされたのではなく、戦前の農林官僚の小農論によってもたらされたものであるといえる。そして小農論に基づいた政策が導入されたことで、産業組合などの制度化が進み、農村の一体化・組織化が促進された。そして次章以降で述べるように、戦後には農地改革がおこなわれ、その後、農地法・農協法・農業基本法が制定されたことが、農政トライアングルの自己組織化につながった。すなわち保護主義的な農業政策が、農政トライアングルの形成を引き起こしたといえる。さらに農政トライアングルは、保護政策の再生産・維持を促進しながらより強固なものとなった。つまり正のフィードバック効果が生じたのである。このように農政トライアングルが形成された過程は、長期間にわたる複雑なプロセスである（図1.1を参照）。

従来の鉄の三角同盟論が注目してきたものは、主に図1.1にある③の矢印で示された政策過程に限られていた。しかしそれは複雑な因果関係・政策過程のほんの一部でしかなく、全体像を欠いていたといえる。本書では、より大局的かつ長期的な視点からみた日本農政の発展過程を提示する。

註

★1——品川は内務省・農商務省で農商務大輔などを務め、1891年に第一次松方内閣の内務大臣に任命された。平田は大蔵省で法制局専務などを歴任し、1901年に第一次桂内閣で農商務大臣を担当した。

★2——品川と平田の協同主義は、欧米の思想をそのまま導入したものではなく、日本古来の思想である二宮尊徳らの報徳思想などの要素を融合したもので、いわば和洋折衷の思想であった。

★3——1970年に農地法が改正された際に、自作農主義にやや修正を加え「耕作者主義」に変容したとする見方もあるが、いずれも農地を所有し耕作する者（および農業法人）を中心とするという点では大きな違いは無い。本書では自作農主義の呼称を使用する。

★4——1925年に農商務省が分割され、商工省と農林省が設立された。以降は農林省と記述する。

★5——農事実行組合は、「農家小組合」と呼ばれた既存の農事改良組織を改組した組織であった。農家小組合は明治中期あたりから存在したもので、帝国農会の指導下にあったものであるが、経済更生運動で産業組合の指導下に置かれることとなった。

★6——主要な団体のほとんどが実質的に統合されたのは1943年に農業団体法が制定された時点であるが、この改革は実質的には経済更生運動下において進められた。

★7——農林官僚の小農論の理論的発展と、それが政策に与えた影響については、佐々田（2018）を参照。

第2章

農地改革と農地法による農村の均質化

農政トライアングル形成の必要条件の1つ目は、「農村の均質化」である。農政トライアングルにおいては、ほとんどの農家が同様の利益・政策選好(政府による農業保護)を持ち、農協によって全体的に動員され、自民党を継続的に支持している状態であった。そして農村からの支持の見返りとして、自民党は農村全体の利益を拡大するような政策を推進した。しかし戦前の農村は、大規模な農地を所有し経済的に裕福な地主層、中小規模の農地を所有する自作農、農地を持たず経済的に脆弱な小作農などが存在する多様性のあるコミュニティであり、それぞれ異なる利益や政策選好を持っていた。さらに戦前の農村においては地主層と小作層の間で激しい対立が生じ、農村が分断されていたため、農村全体を一体的に動員するような政治活動はみられなかった。地主層は帝国農会を通じて組織化され保守的な政友会を支持していたが、小作層の多くは無産政党と近い農民組合を通じて組織化されていた。

戦前には分断されていた農村が、戦後になって一体的に政治動員されるようになった背景の1つには、終戦直後におこなわれた農地改革がある。農地改革はGHQの指示の下で「封建的」性質を持つ地主制を解体し、農村を「民主化する」ことを目的として遂行された。農地改革によって、農地の所有に制限が設けられ、一定以上の農地を所有していた地主は上限を超えた農地を売却することを義務付けられた。地主が売却した農地は、主に小作農などに安価で売り渡された。農地改革が全国的に例外なく遂行されたことで、日本の農家のほとんどは小規模な農地を所有し自ら耕作する自作農となった。つまり農村コミュニティは均質化され、戦前にみられた多様性や分断が無くなり、農家は同様の政策選好を持つに至る。その結果、農村を農協が一体的に政治動員することが容易になった。農政活動が活発化したことで、農村に強力な政治的エネルギーが蓄積されるようになり、それが後に農政トライアングル形成の原動力となったのである。

本章では、農村の均質化をもたらした農地改革の立案・政策決定・施行のプロセスを検証する。このプロセスは単純なものではなく、その途中には様々な政治的勢力が介入し、複雑な利害の対立が生じた。そして改革終了後にも、その結果を撤回させるべく旧地主層の激しい抵抗が続いた。しかし1952年に農地法が制定されて農地の売買に厳しい制限が設けられたことで、地主制が復活する余地はなくなった。そして農地法の根幹部分は2009年（および2015年）に改正されるまで、戦後の長きにわたってほとんど改正されず維持され、農村における土地所有形態を規定し続けた。日本経済が高度成長を果たし、都市部では急激な工業化・経済発展が進んでも、農村部では経済的に脆弱な小規模自作農が大勢を占めるコミュニティのままほとんど変化しなかった。そしてそれは、農政トライアングルが機能し続けることを可能にしたのである。

なぜ農地改革は日本政治史上稀に見るほど徹底した形で土地制度を改革するようになったのか？　そしてその結果として、農村はどのように変容していったのか？　またこれほどの急進的な改革の結果が、その後半世紀以上にわたってほとんど修正されず固定化されたのはなぜか？　これらの疑問に対する答えを探りつつ、農地改革および農地法制定とその後の農政トライアングル形成の関係性を明らかにしていく。

1▸　戦前の状況——小作問題

第1章で述べたように、戦前の農村では地主層と小作層との対立が深刻な社会問題となり、政府は農村における貧困と社会不安の解消を模索した。小作農は土地の借地料（小作料）として、年間の収穫量の約6割を地主に納めねばならず、小作料の重い負担が貧困の原因となっていた。そして小作料の引き下げや小作権の強化を求めた小作農に対して、こうした要求を拒絶した地主との間で紛争（小作争議）が全国的に拡大した。1918年に発生した小作争議は256件であったが、1926年には2751件にまで増加した★[1]。さらに1920年代には経済恐慌のあおりを受けて農村の経済的困窮が深刻化し、政府はその対応に迫られた。

新たな農業政策の立案を任された農林官僚らは、農村の貧困や経済的苦境の原因が地主制にあるという問題意識を持っていた。彼らの理想とする農村は、適正な規模の農地を自ら所有し耕作する家族経営の自作農が中心となったコミュニティであった。こうした「自作農主義」、「農地規模の適正化」といった政策理念に基づいて、彼らは小作問題の根本的な解決を目指していた（佐々田 2018）。そしてその第一歩として「小作法案」を起草した。小作法案は農地耕作者（つまり小作農）の「耕作権」を確立し、その地位を安定させることで小作問題の解決を図るものであった。この当時、小作地の賃貸契約は1年ごとに交わされており、地主が望めば比較的容易に契約を解除することが可能であり、小作の借地に対する権利は不安定であった。同法は小作農の権利を強化し、こうした状況の改善を目指した。また同法には、小作料の適正化（引き下げ）につながる条項も含まれていた。さらに農林省は小作農の社会的・経済的地位向上のために小作組合を法的に承認する「小作組合法」の制定も模索した。

しかしこれらの法案は、小作農の影響力拡大を嫌った地主層とその影響を受けた保守政党（特に政友会）の激しい反対に直面し、撤回されることとなった。その結果、農林省は小作争議を効果的に調停する仕組みを整備することを目的とした「小作調停法」の制定を目指した。小作調停法案の主な目的は、小作争議の当事者が裁判所に調停を申し立てることを可能にし、調停実務を担当する調停委員会を新設するものであった。また「地方小作官」を各都道府県に配置し、小作官が中心となって調停委員会を構成することとされた。小作争議に悩まされていた地主層は、同法案を好意的に受け止めたため、政友会や憲政会も賛成し、同法案は1924年7月に帝国議会にて可決された。小作調停法の運用は、小作農の救済を希求した農務官僚と小作官らによって、小作農に有利な形で進められた。さらに1938年には農地調整法が制定され、地主・小作双方の権利が明確化された上に、農地委員会が設けられて小作調整制度や小作料適正化事業が強化されたことで、小作農の利益がより守られる制度★2が生まれた（庄司 1999, p. 112）。

さらに政府は小作問題のもう1つの解決策として、自作農創設維持事業を展開した。同事業は、農地購入を希望する小作農向けに融資をする都道府県や産業組合に対して補助金を与え、農地購入にあたっての小作農の負担を軽減し、自作農化を進めることを目的としていた。同事業も、元々「自作農主義」や「農地規模の適正化」を標榜する農林官僚らによって立案されたものであった（佐々田 2018）。しかし、農地の売り手である地主層と緊密な関係にあった政友会政権によって推し進められた結果、地主有利な内容にゆがめられたため、事業規模が想定通りには拡大せず、地主制の抜本的な改革にはつながらなかった。同事業の対象となったのは、全小作地面積のわずか1/23（約4.3%）程度にとどまり★3、小作農が「受け取った平均面積は一戸あたり4.5反という少なさであった。それゆえ、この計画は、自作農を創設せず、自小作★4の数を増やすだけであった」（ドーア 1965, p. 76）。ゆえに1945年の時点でも、全耕作地の46%の農地が小作地として使用されており、農家全体の48%が耕作地の50%以上を所有していない農家（小自作農と小作農）であった（暉峻 2003, p. 133）★5。

戦前の農村に関しては、一般的に地主と小作農とに二分化されていたと考えられがちであるが、実は様々な形態の農家が共存する多様性のあるコミュニティであった。地主層だけでも、所有地には居住せず自ら耕作もしない「不在地主」や、所有地に居住し耕作をしない「在村不耕作地主」、自ら耕作し余剰分の農地を貸与する「耕作地主」などがいた。また所有する農地も100町歩を超えるような大地主もいれば、1町歩以下の零細地主もいた。さらに農業を主たる収入源にする地主もいれば、その他の産業・職業に従事する地主もいた。そして農地を貸与・借入しない自作農にも、大小さまざまな規模が存在した。小作層に関しても、耕作地の半分以上を所有する「自小作農」や、耕作地の10〜50%未満を所有する「小自作農」、農地を持たない「小作農」がいた（ドーア 1965）。こうした多様性はコミュニティ内の意見集約を困難にし、農村が一体となって活動したり農村全体を政治動員することを難しくしていた。

地主制をめぐる戦前の状況から得られる知見として、当時の農村は多様性の高いコミュニティであったこと、地主層と小作層との間で深い分断があったこと、農家・保守政党・農林省の政策選好が一致していなかったこと、そして鉄の三角同盟といえるような利益誘導構造も存在していなかったことがあげられる。また、農林省には戦前からすでに地主制の解体を模索する動きがあったことは特筆すべき点であり、それが戦後の農地改革の円滑な遂行を可能にした要因の1つとなったといえる。

2▸ 戦後——農地改革の遂行

終戦後、日本は連合国の占領下におかれ、ポツダム宣言の遂行のためGHQが設置された。そして最高司令官ダグラス・マッカーサー元帥の下、GHQは日本の戦時体制を解体することを目的として直ちに日本の武装解除や公職追放などを遂行し、さらに1945年10月幣原内閣に対して「5大改革指令」を出した。その内容は「婦人解放、労働組合結成の奨励、学校教育の民主化、秘密警察等々の廃止を意味する秘密審問司法制度の撤廃、経済機構の民主化」であった（雨宮 2008, p. 39）。このうち経済機構の民主化の具体策として、財閥解体と農地改革があった。

GHQが農地改革を重視した理由は、日本経済を支配した財閥と同様に、戦前の農村が軍国主義の温床であるとの理解の下に、これらを徹底的に改革して民主化することで日本に再び軍国主義がはびこることのないようにするためであった。GHQは当初、日本が少数のエリートによって支配されている国と理解し、「そのエリート・グループは、国民を奴隷化し、農村を封建的にしておくよう共謀した軍国主義者、官僚、実業家、地主からなって」いると考えた（チラ 1982, pp. 52-53）。そして封建的地主が貧しい小作農を支配する農村は、この軍国主義的エリートの重要な支持基盤の1つであったとみなされ、封建的地主と地主制を打破することが、日本社会の民主化と安定化をもたらし、将来において軍国主義が再び台頭することを防ぐことにつながると考えられた★6（同上）。

占領開始当初は軍国主義の打破と封じ込めを目的として推進された農地改革であったが、1947年2月のゼネスト中止命令をきっかけとしたいわゆる「逆コース」以降には、共産主義の拡大を防ぐことが重要な目的として意識されるようになった。すなわち貧困にあえぐ小作農を経済的に安定した自作農にすることで、農家が左翼勢力に取り込まれることを防ぐ狙いであった。

GHQの農地改革に関する取り組みは、GHQに国務省から派遣されていたジョージ・アチソン政治顧問が、1945年10月にマッカーサーに提出した「Atcheson-Fearey Memorandam」と呼ばれる覚書をきっかけとして開始された。この覚書は、同じく国務省からアチソンの補佐として派遣されていたロバート・フィーリーによって作成されたもので、経済民主化政策の方向性を示す1つの指針としてGHQ内で共有された。こうしたGHQの意向が日本政府にも伝わり、農林省が独自の農地改革案を立案することとなった。

▸第一次農地改革

戦前から地主制の解体を悲願としてきた農林省にとって、GHQの動きは思いがけない天佑であった。早速、松村謙三農相の下で、和田博雄農林省農政局長と東畑四郎農政課長が中心となって、農地改革の素案が作成されることとなった。後に「第一次農地改革案」と呼ばれるようになったこの法案は、主に以下の3点から構成されていた。①小作料の金納化、②小作地の強制譲渡による自作農創設、③農地委員会の再編成による民主化。

第二の点である小作料の金納化であるが、当時小作料はコメなどの収穫物で払う「物納」が一般的であった。これを現金で納める仕組みにし、市場価格よりも低い「地主基本価格」で納めることを認めることで、実質的に小作料を引き下げる効果が期待された。第二の小作地の強制譲渡については、地主が所有することができる農地の上限を3町歩[★7]に設定し、上限を超えた分の農地については強制的に譲渡することと定められた。しかしこの上限については、後に閣議において5町歩に引き上げられた。第三の農地委員会の再編成については、小作契約の適正化や農地の買い入れなどで重要な役割を果たす農地委員会の構成を、選挙で選ばれた地主・自作農・小作農各5名・合計15名とし、より「民主的」な組織にすることを目的としていた。

1945年12月にこの改革案が「農地調整法改正法案」として議会に提出されると、「主として与党から激しい非難混じりの質疑を受けた。農地改革は伝統的な農村の秩序を破るものとされたのである[★8]」。当時の保守派には「自らも耕作に従事している中小地主こそ農村社会の柱であるという根強い考えがあったため、3町歩に制限してはこのような中堅的地主の存続が危うくなる」との反対意見が上がったり、「地主・小作関係はそもそも温情的なものであって改革の必要はない」といった声があがった(田中 1999, p. 43-44)。このため法案の成立が危ぶまれたが、GHQが12月9日に日本政府に対して「農地改革に関する指令[★9](SCAP-IN 411：Rural Land Reform)」を出したことで事態が一変した。同指令の内容は、フィーリーが作成した上述の覚書に基づいており、「不在地主から耕作者への土地の移転」、「非耕作者が所有する農地の適正価格による購入」、「小作農の所得に応じた年賦による農地買い取り」、「小作農が再び小作農に転落することを防止する」ことを可能にする政策案を、1946年3月15日までに日本政府が提出するよう指令するものであった。

GHQからの指令に議会は敏感に反応して、政府の法案に修正を加えた上で可決した。法案修正の内容は、小作料基準の引き上げ、農地委員会に「中立委員」を加えること、合意があれば小作料の物納を認めることなどであった。こうした修正は地主の利益を反映したものであった(ドーア 1965, p. 102)。可決された農地調整法改正法(俗に言う「第一次農地改革法」)は、1945年12月に公布された。そして政府は、GHQの指令に応じて1946年3月15日に「農地改革案」を提出した。この改革案は第一次農地改革法の内容に加えて、将来的な農地保有限度の縮小と小作農転落防止対策[★10]を含んでいた。

▶第二次農地改革

しかしGHQは第一次農地改革法と農地改革案の内容に不満を示し★11、政府が提出した農地改革案を了承せず、市町村農地委員会の選挙も実行を許可しなかった。GHQ内でこの件を担当したのは天然資源局（NRS）であったが、NRSが政府案を不十分とした理由は以下の3点であったという。「①政府が土地譲渡に直接関与しない、②地方農地委員会に大きな権限を与え、改革の遂行を任せている、③農地委員会が地主的利益に支配されている」（福田 2016, p. 46）★12。

しびれを切らしたGHQは、NRSを中心として独自の農地改革案を作成した。この時に中心となってNRSの改革案の立案に携わった人物に、ウォルフ・ラデジンスキーがいる。ラデジンスキーは、アメリカ農務省からNRSに農地改革の専門家として派遣されていた。また同じくNRSのウィリアム・ギルマーティン大尉も重要な役割を果たした。NRSが作成した改革案は「GHQ原案」とも呼ばれ、その後の議論の叩き台となった。福田（2016）によると同案の主な内容は、①土地保有限度は平均3町歩（北海道は12町歩）として、自作地は買収しない、②保有限度以上の土地は政府が買収し、小作農に売却する、③農地改革実施のため中央、都道府県、市町村に農地委員会を設置し、市町村農地委員会は地主・小作が同数となるようにする、④市町村農地委員会の決定に法的拘束力を与える、⑤農地買収価格は、政府提案の価格に補償金を加えたものとする（p. 44）。

農地改革については、他の連合国（特にソ連）も関心を持つようになったため、マッカーサーは農地改革を対日理事会の議題に加えることを決定した。対日理事会はGHQの諮問機関として日本の占領統治政策を審議するために設置され、連合国（米・英・ソ・中）の代表から構成されていた。1946年4月から6月にかけて同理事会で議論され、各国代表から第一次農地改革案に対する批判的意見があげられた。そして英連邦代表のマクマホン・ボールが、GHQ原案を基にさらに農地保有限度を1町歩とすることを提案すると、その内容（いわゆる「英国案」）が理事会の勧告として採択された。この勧告を受けて、農林省は「農地調整法改正法案」と「自作農創設特別措置法案」を作成し、国会はこれらの法案を無修正で可決し、1946年11月に施行されることとなった。これが俗に言う「第二次農地改革法」である。

3 ▸ 農地改革の成果

では第二次農地改革の主な内容をみていこう。まず自作農創設特別措置法については、以下の通りであった。

① 在村地主が所有できる農地の上限は1町歩（北海道では4町歩）までとし、超過分の農地（および不在地主全ての農地）は国が強制買収する。
② 自作農が所有できる農地の上限は、3町歩（北海道は12町歩）までとし、超過分の農地（および不在地主全ての農地）は国が強制買収する。
③ 国が強制買収した農地は、「自作農として農業に精進する見込みのある者」に売却する。
④ 農地の買収は農地委員会が作成した計画に基づいておこなわれる。
⑤ 農地の買収価格は、水田の場合は標準賃貸価格の40倍（畑は48倍）とし、売却した者には一定の報償金を交付する。

次に、農地調整法改正法の重要な点は以下の通りであった。

① 農地の権利移動を統制対象とすること。農地賃貸借の解除・解約・更新拒絶については市町村農地委員会の承認を必要とすること。
② 市町村農地委員会の委員構成は、選挙によって選ばれた小作農5人、地主3人、自作農2人とする★13。
③ 都道府県農地委員会は小作農10人、地主6人、自作農4人に加えて学識経験者5～10人とする。

（『農林水産省百年史』編集委員会 1979 下巻, pp. 86–88.）

この第二次農地改革は、地主に1町歩（北海道は4町歩）の農地保有を認めたり、牧草地や山林に所有制限を設けなかったという面があったものの、それ以外の面では極めて徹底した措置であった。農地の買収・売却は1950年までにほとんどが終了し、国が買収した農地は合計174万町歩（財産税として物納されたものを含むと193万町歩）が、約475万戸の農家に売却された（同上, p. 95）。その結果として1945年時点では全農地の46%を占めた小作地が、1950年には10%まで激減し1965年には5%まで減少した。また1945年には全体の48%を占めた小作農の割合は、1950年には12%（1965年には5%）まで減った（チラ1982，付属統計 p. 4）。こうして史上稀に見る画期的な行政改革が短時間で遂行され、長らく農村における貧困の根源とされてきた地主制は遂に解体されたのである。

▸農地改革への批判と抵抗

地主制の解体という大きな成果につながった農地改革であったが、その遂行過程は平坦なものではなかった。改革案に対しては革新勢力・保守勢力の両方から様々な批判的意見が上がり、改革遂行に対しては主に地主層と保守勢力から激しい抵抗が生じた。

まず社会党や共産党や日本農民組合（日農）といった革新勢力からは、地主に1町歩の所有を認めたこと、地主への報償金を支払うこと、林野を対象外としたことなどに批判が起こり、より徹底した農地改革を要求する声があがった。革新勢力が主張したさらなる農地改革は、社会主義的思想に基づいたもので農地の集団化や経営の共同化を目指す急進的なものであった。例えば、日農が1940年代後半に提唱した「農業革命論」では、「農業経営に対する社会主義的技術指導の浸透」を通じて、「耕地の集団化」や「農業機械その他の労働手段の共同化、共同利用から共同経営」の推進などが目標として掲げられた（大川 1988, p. 6）。共産党は「耕作権の強化を前提に土地管理組合による共同経営をとなえ、土地そのものは国有化するのが望ましい」と主張した（田中 1999, p. 51）。

また社会党が1948年1月の党大会で採択した「第三次農地改革要綱」にも「全小作地買収・農地集団化・農地利用共同化・農協による農地管理」な

どを目的としたさらなる農地改革をおこなうことが記されていた（大川 1988, p. 9）。しかしこのころ社会党は、片山哲内閣と芦田均内閣において与党として政権運営に携わっており、保守的な連立パートナーであった民主党と国民協同党への配慮から、こうした政策を積極的に推進することはなかった。そのため同党は第二次農地改革の不十分な点を批判したものの、地主制を解体する改革案については一定の評価を与え、その徹底した遂行を最優先する方針をとった。

より深刻な批判と抵抗は、地主層と保守勢力からのものであった。農地の強制買収にあたって、地主に支払われた農地の対価と報償金は1946年11月の時点で1反（1町歩の10分の1）あたりコメ1石半程度であったが、「大部分のお金が支払われた時には、その実質価格はほとんど10分の1に減価されて」おり、タバコ13箱程度にしか相当しなかったという（ドーア 1965, p. 105）。地主層は農地買収対価について、制定されたばかりの日本国憲法が第29条第3項に定める「正当な補償」にあたらないと主張し、また強制買収は同条第1項が保障する「財産権」の侵害にあたるとして、多数の行政訴訟を起こした。その件数は1951年までに累計で5700件を超え、そのうち200件が最高裁に上告されたという（『農林水産省百年史』編集委員会 1979 下巻, p. 94）。また地主が小作地を自作地に転換するために小作地の引き上げをおこなったり、農地委員会に対して農地買収計画への異議申し立てをしたり、地主の意向を反映した保守政治家の多くが国会で改革に対する反対意見を陳述するなどといった抵抗が続いた。しかしこうした抵抗も改革が進むにつれて沈静化し、改革終了後も続いた法廷闘争も1953年に最高裁が合憲判決を出したことで決着がついた。

▸ 農地法の制定

農地の買収・譲渡は計画通り遂行され、旧地主の抵抗も収まったかにみえていたが、これで農地改革が完成したというわけではなかった。旧地主が政治家に働きかけて再び法改正をおこなって、農地所有の上限を撤廃する恐れがあった。そうすれば戦前のように経済不況のあおりを受けて農村経済が疲弊した際に、自作農が農地を売却し再び小作農に転落し、地主制が復活する可能性があった。こうした状況を防ぐために、農地の売買や小作地所有権などに厳格な規制を設ける「農地法」が1952年に制定された。

農地法第1条では同法制定の目的として「この法律は、農地はその耕作者みずからが所有することを最も適当であると認めて、耕作者の農地の取得を促進し、その権利を保護し、その他土地の農業上の利用関係を調整し、もつて耕作者の地位の安定と農業生産力の増進とを図ること」と記された。また同法は、農地や採草放牧地の所有権の移転・売買・賃貸権の設定にあたっては、「当事者が都道府県知事の許可（使用貸借による権利若しくは賃借権については、市町村農業委員会の許可）」を義務づけ（第3条）、農地の転用にあたっても都道府県知事の許可を義務づけた（第4条）。そして小作地等の所有の制限として、所有者の住む市町村の域外にある小作地の所有が禁止され、域内の小作地にも都道府県が所有面積の上限を設定することが規定された（第6条）。さらに市町村農地委員会が小作料に上限を設けることとなった（第21条）★14。

農地法制定の意義について、元農水省事務次官の奥原正明は、「農地解放の成果を維持することに主眼を置いて、農地の権利移動を厳しく統制していた」と評している（奥原 2019, p. 186）。また庄司（1999）によると、「農地の権利移動をこのような許可制にしているのは、私有財産を認めている国では日本だけ」であり、日本でも農地以外には同様の制限は無いことから、非常に例外的かつ厳格な規制であるという（p. 314）。こうした規制が設けられたことで、個人や法人が大規模な農地を所有して多数の小規模農家と小作契約を結ぶといった行為は極めて難しくなったため、地主制が復活する可能性はほとんどなくなった。こうして農地改革の成果が制度化され、その後、何十年にもわたって農村は小規模な自作農が構成する均質化されたコミュニティを保ち続けることとなったのである。

▸農地改革の弊害

農地改革は徹底した自作農創設を実現し、その成果は農地法によって固定化されることとなったが、それには負の側面もあった。それは、ほとんどの農家が小規模自作農となったため、零細な経営体質から経済的脆弱性と政府への依存傾向が高まったことであった[★15]。農政研究者の暉峻衆三は農地改革について、「地主制度を解体し、自作農体制を創出したが、戦前来の日本農業の他面での特徴である分散錯圃下の零細経営には手をふれることができず、それは改革後も存続した」と問題点を指摘している(暉峻2003, p. 139)。また農地法立案に携わった東畑も、農地法の体系に言及して「経営というものをあまり考えて」いなかったと述べている(庄司1999 p. 415)。さらに戦前には篤志家的な地主が小農を援助するといったこともあったが、農地改革の後は政府からの援助に頼らざるを得なくなった(ドーア 1965; 北出2001, p. 59)。『農林水産省百年史』もこの点について次のように指摘している。「地主はある意味で小作人の保護者であった。小作料は高いが不作減免がある。窮乏すれば地主が金を貸した。農地改革によって小作人は高率の現物小作料と耕作権の不安定から解放されたが、地主の家父長的保護も失った。国は地主の家父長的役割を引き受けることになったのである[★16]」。

当時はとにかく地主制を解体し、その復活を防止することが喫緊かつ最優先課題であったため、農家の経営改善については後の課題とされたのであった。田中(1999)によると、農林省は「まず自作農を創設し、農業経営の発展は次の段階で考えるという、いわば二段階論」のアプローチを採用したという(p. 55)。すなわち自作農主義の理念が優先され、農地規模の適正化は後回しとなったわけである。その結果として農家の間では補助金や価格支持といった農業保護政策に対する依存度が高まった。農林官僚は農地規模の適正化について、1961年に制定された農業基本法においてその実現を試みることになるが、これについては第5章で詳しく検証する。

また農地法における厳格な規制は、一般法人や株式会社などといった家族経営自作農以外の経営体が農地を所有することを妨げてきた。1962年の法改正で農業生産法人(農事組合法人や合資会社など)には、農地の所有権や使用収益権の所得が認められるようになった。これを反映して後に「耕作者中心主義」という言葉も使われるようになった。しかしこれらの法人の数は限定的で、そのほとんどは農家が構成する共同経営体であったため、実質的には自作農主義の実体に変化はなかった。そしてこうした状態は2009年と2015年の法改正で第1条にあった上記の条文が削除され、法人による農地の貸借・所有の要件が緩和されるまで続いた。

この背景には農地法改正について議論をすることさえも難しくする空気があったという。元農水省事務次官の高木勇樹によると、「農地制度は、平成4年（1992年）頃まではタブー視されて」おり、それについて議論することができるようになったのは2001年頃になってからだという（農政ジャーナリストの会編 2020, p. 29）。同法制定から半世紀以上にわたって厳格な規制が維持されてきたことは、自作農主義が農業政策の決定過程に非常に強力かつ重大な影響力を持っていたことを示唆している。こうした理由から、戦後日本の農村コミュニティは継続的に小規模自作農を中心として均質化した状態を保ち続けたのである、そしてそれは農政トライアングルが長期間機能し続けた原因の1つでもある。

4▸ 農林官僚の政策理念

本章の最後に、農地改革と農地法がなぜ上記のような形で実行されたのかと、またなぜ均質化した農村は長期間にわたって変化しなかったのかいう点を明らかにするために、それらの基盤となった政策理念について簡潔に検証してみたい。ここでは農地改革の遂行と農地法の制定に関わった多くの人物や団体の中でも、政策の立案に携わり特に重要な役割を果たした農林官僚の政策理念に注目する。

地主制の解体は、上述したように農林官僚の長年の宿願であった。戦前の農政を主導した石黒忠篤についてはすでに何度か触れた。石黒は農林省の官僚で、農林事務次官や農相を務めるなど戦前における農林省の代表的存在であった。石黒ら農林官僚は、中小規模の家族経営自作農こそが日本農業の重要な担い手であると考え（自作農主義）、小作農が農地を所有し自作農になることを支援し、彼らの農地を適正な規模に拡大することで農業経営を強化すること（農地規模の適正化）を政策目標としていた。こうした石黒らの農政観は

「小農論」とよばれ、当時の農林官僚の間で広く共有されていた。石黒らの小農論を構成した政策理念には他にも、「協同主義」、「中間搾取の排除」、「農業の特殊性」といったものがあった（佐々田 2018, p. 134）。

小作問題の解決を目指し小農論に基づいて石黒らが立案した小作関連法案は、地主層と保守系政治家から激しい抵抗を受けたことによって方針転換を余儀なくされた。そこで石黒らは産業組合（農協の前身の1つ）を通じた農村の組織化や経営・流通の合理化などを主な目的とした「農山漁村経済更生計画」（1932～41年）を農政の主流として位置づけ、地主制を改革することなく中小農・小作農を保護する政策を推進した。

小作問題の解決を棚上げにする方針に対しては、農地制度に関わる問題を所轄し小作関連法立案を主導した農林省農政局★17の官僚から批判の声もあがった。その批判の急先鋒にいたのが、戦後の農地改革で重要な役割を果たした和田博雄であった。和田は、石黒の経済更生計画が地主制に対して一切手を付けようとしなかったことに失望し、上司である石黒に対して公然と異議を唱えるなどした。また当時農政課にいて、戦後和田と共に農地改革を推進した東畑四郎も、自身が経済更生計画に批判的であったことを後年語っている（佐々田 2018, pp. 236-237）。農村疲弊を解消するには地主制を解体する以外にないとして、土地制度の改革にこだわった農政局の和田や東畑らの農政観は、大正中・後期の小作関連法案のころの石黒の農政観を忠実に継承したものであった。大竹（1978）は、それを「原点の石黒農政」と呼んでいる。それは小農論を形成したいくつかの政策理念の中でも、特に自作農主義と農地規模の適正化の2点に重きをおいた農政観であった。

農地改革の遂行においては、この「原点の石黒農政」たる大正期の小農論を堅持していた和田と東畑が中心的な役割を果たした。第一次農地改革法案が立案されたころ、和田は農林省農政局長を務め、東畑は農政局農政課長であった。第二次農地改革では、和田は吉田茂内閣の農林大臣として与党議員の説得やGHQとの調整に奔走し、その徹底した遂行に全力を注いだ。和田や東畑は、農村において強い権力をもった大地主の存在はもちろんとして、多数の中小規模の地主が存在していたことも問題視していた★18。こうした大小の地主が細分化された小作地を所有していたため、小作人の間で耕作地獲得競争が生じ、小作料の高騰につながっていたからである。それゆえ和田らは、農地所有構造の抜本的な改革をともなう自作農創設が不可避であると強く信じていた(庄司 1999, p. 145-146)。農地改革が例外を一切認めない徹底した形で遂行された背景には、当時の農林官僚らの自作農主義に基づいた強い信念があったといえる★19。

第二次農地改革の立案にあたっては、GHQ原案が改革案の土台になったことも事実であり、そこにはGHQ関係者の政策理念や政治信条などが反映されていた。そしてそれは、「自作農の道徳的、経済的、政治的優越性を信じるジェファーソン的理念」という彼ら独自の「自作農主義」に基づいていた(田中 1999, p. 47)★20。しかし同時にGHQ原案も日本での具体的な農地改革の方策に関して、戦前の日本人研究者や官僚らの著作を参考にしていたため、戦前日本の農政観と共鳴する部分が多かった。この点についてGHQのラデジンスキーは、「農地改革計画はアメリカが作ったものでも、一括提案したものでも、交付したものでもない。その理念は、それを生じさせた条件と同じく日本固有のもの」であったとし、戦前から地主制解体に向けた「数多くの努力がなされた」と指摘している。また農地改革の「本当の設計者」として「前農林大臣の和田博雄氏」の名をあげている(ラデジンスキー 1984, pp. 296-297)。ドーア(1965)も、「改革の思想は日本に由来した」と述べ、日米間にいくつかの意見の相違はあったものの「大局において、日米双方の担当者が究極的には同様の見解を懐いていた」としている(pp. 113-114)。

またチラ(1982)も、GHQの政策に大きな影響を与えたフィーリーやラデジンスキーらが、京都帝国大学の農業経済学者であった八木芳之助が戦前に書いた自作農創設に関する研究書などから示唆を受けたとしている(p. 97)。ラデジンスキーらに大きな影響を与えたとされる論文の中で、八木は土地問題が小作立法だけでは解決できないと指摘し、大規模な自作農創設事業と農地の規模拡大の必要性などに言及している(八木 1936)。ここにも自作農主義と農地規模適正化の理念がみられるが、こうした理念が間接的にGHQの間にもある程度浸透していたことがうかがえる★21。

こうして遂行された農地改革は、地主制の解体という戦前からの農林官僚の宿願の達成を意味していた。大竹（1981）は「農地改革は大正中期以来の農地行政の到達点」であるとし、「それは中央の農林官僚から地方の小作官、自作農主事達にいたる多くの農地問題担当官達の情熱と献身が、多年にわたる先人達の歴史的ストックの上に見事に開花・結実した一大記念碑である」と評している（p. 395）。

農地改革の遂行は達成したものの、当時まだ旧地主たちが農地買収に対して法廷などで抵抗を続けていた。地主が再び広大な農地を所有し、地主制が復活することを防止するために、農地法が制定された。そして同法第1条には「農地はその耕作者みずからが所有することを最も適当であると認めて」という条文が加えられた。これは自らが耕作できる能力を超える農地の所有を防ぐためのものであると同時に、「自作農主義」を明確に具現化したものであり、家族経営の自作農を農業の担い手として明示するものであった（『農林水産省百年史』編集委員会 1979 下巻, p. 297；田中 1999）。ちなみに同法の立案には、当時農林省農政局長（1951～52年）であった東畑四郎も携わっていた。

5▸ 小括

本章では、農政トライアングル形成の第一段階として、戦後に農村コミュニティが均質化された背景を探るため、農地改革と農地法制定に焦点をあて、その過程と結果を検証した。

農村の旧体制が変容するきっかけとなったのは、終戦後日本でGHQが「経済民主化」を実現するために、日本政府に地主制の解体を指示したことであった。これを受けて戦前から土地制度の改革による小作問題の解決を模索していた農林官僚や一部政治家らが、農地改革に着手した。日本側主導による第一次農地改革については、GHQから不十分であるとされ、さらに抜本的な改革が指示された。そのため第二次農地改革では小作地のほとんどが国による強制買収の対象となり、徹底した地主制の解体が短期間のうちに進められた。

これによって農村コミュニティの構成者のほとんどは、小規模な土地持ち自作農となり、農村内の階級的対立も解消され、農家の価値観や利害関係や政策選好も均質化するようになった。同時に農家のほとんどが零細経営となったため、経済的には脆弱化し、政府からの援助に依存する傾向が強まり、補助金や価格支持といった農業保護政策を求めるようになった。そして戦後日本に農政トライアングルが形成される必要条件の1つが整ったのである。

こうした変化は、農村が同じ目的を持ち一体となって集団行動をすることを可能にし、農村全体の組織化・政治的動員を容易にした。均質化した農家は、その後農協によって政治動員されるようになり、全国的に農政活動が活発化することになった。そしてそれは、農村における政治的エネルギーの蓄積を促進し、農政トライアングルの自己組織化につながる新たな流れを生み出す原動力となったのである。次章では、農協による政治動員と農政運動の高まりについて検証をおこなう。

註

★1——農林省農務局編『昭和3年 小作年報』pp. 2-3,『昭和8年 小作年報』pp. 1-2.

★2——農地調整法に関しては、農地委員会に地主の代表が多かったことなどから、地主有利の内容であったとする見解もある（ドーア 1965）。

★3——「農林水産省百年史」編集委員会 1979 中巻, p. 39.

★4——耕作地の50～90%を自ら所有し、残りは借入している農家。

★5——農地をほとんど持たない農家（小作農）の割合は全体の28%であった。

★6——チラ（1982）によると、こうした地主制に対する「嫌悪」は、アメリカで1930年代に世界恐慌の影響を受けて農村経済が疲弊した結果、小作率が急増し約42%の農家が小作農となった経験が背景にあるという。これに対して、フランクリン・ルーズベルト大統領が推進したニュー・ディール政策の一環として農場購入にあたって資金貸し付けをおこなうなどして、土地持ち自作農の復興を後押しした。日本の農地改革はそれよりも遙かに急進的な政策であったが、アメリカでは実行が難しかった強力な政策を日本で試す目的もあったという（pp. 46-47）。

★7——1町歩は9917平方メートルで、約1ヘクタールである。

★8——『農林水産省百年史』編集委員会 1979 下巻, p. 28.

★9——これは俗に「農民解放指令」とも呼ばれている。同指令の冒頭には、その概要として「日本帝国政府は、民主主義的傾向の復興と強化に対する経済的障害を排除し、人間の尊厳への尊重を確立し、数世紀にわたって日本の農民を封建的圧制の下に隷属させてきた経済的束縛を打破する目的をもって、日本の耕作者が、労働の成果を享受するために、さらなる平等な機会を得られることを保証する政策を推進すること」と記されている。国会図書館デジタルコレクション：https://dl.ndl.go.jp/pid/9885478/1/1

★10――これらは新しく自作農となった者に対して「農業金融・農産物価安定・技術指導・農協・農業保険などの施策」を講じるというものであった（『農林水産省百年史』編集委員会 1979 下巻, p. 28）。

★11――GHQが問題視したのは、小作地の上限が5町歩では多くの小作地が改革の対象外となること、小作農を保護する条項がないこと、小作地の強制買収ができないことなどであった（大竹 1981, p. 271）。

★12――さらにドーア（1965）は、農地の保有限度について、家単位ではなく個人単位であったため、地主が家族に所有権を分散することで買収を回避する可能性や、土地の譲渡を強制する手続きが複雑であったため実行性が乏しかった点なども第一次農地改革案の欠点としてあげている（p. 103）。

★13――農地委員の選挙にあたっては、1反歩以上（北海道では3反歩）以上を所有または耕作する者とその世帯員に選挙権が与えられた。1946年当時の有権者数は、小作農768万人、地主168万人、自作農835万人であったという（『農林水産省百年史』編集委員会 1979 下巻, p. 91）。

★14――農地法の本文は衆議院ウェブサイトを参照：https://www.shugiin.go.jp/internet/itdb_housei.nsf/html/houritsu/01319520715229.htm

★15――1962年の農地法改正で農業生産法人の創設が認められるようになり、農業生産法人として認められれば法人による農地の所有も許可されるようになった。しかし2000年代になるまでほとんどの農家は小規模な家族経営のままであった。

★16――『農林水産省百年史』編集委員会（1979）下巻, pp. 33-34.

★17――1941年に農務局から改称。

★18――この点について和田農相は、第二次農地改革法案審議にあたっての国会答弁で、「日本の農地の一番大きな問題は（中略）不耕作の中小地主の存在にある」と指摘し、「不耕作中小地主の問題を解決せずして、日本の農地制度の改革はあり得ないのであります」と述べている（大竹 1981, p. 360）。

★19――自作農主義を支持する者は、政治家の中にもいた。その代表的な例が、第一次農地改革の頃に幣原内閣で農相を務めた松村謙三である（田中 1999）。第一次農地改革にあたって、松村は小作地所有を一切認めない「完全自作農主義」的改革案を主張し、より現実的立場から暫定的に3町歩までの所有を認める案を支持した農林官僚と激しいやりとりが交わされたという（『農林水産省百年史』編集委員会 1979 下巻, p. 719-723；大竹 1981, p. 229）。

★20――さらに各関係者の個人的な理念や経験からの影響もあったと考えられる。例えば、マッカーサーはフィリピンでの経験から地主制についての知識を持っており、家族経営の自作農を重視していたという。またラデジンスキーも、幼少期を過ごしたウクライナにおける小作農の困窮に触れ、経済的安定と民主化には土地分配が欠かせないと考えていた。そして、フィーリーは戦前日本に外交官として滞在した経験があり、農村における富の集約と貧困が全体主義の台頭につながったと確信していたという（チラ 1982, pp. 32-42）。

★21——また和田や東畑らが当時ラデジンスキーらと何度も会談して、改革案について協議しており、両者の間で意見交換がおこなわれたことでも、政策理念の共有が促進されたと考えられる。

第3章

農協法の制定

農政トライアングル形成の2つ目の必要条件は、農協による農村の政治動員である。農地改革によって農村が均質化し農村内の対立が解消されて、一体的な政治活動をおこなうことが可能な農村コミュニティが全国各地に生まれた。しかし均質化したコミュニティが存在するだけで、集団行動が自然に発生するというわけではない。むしろ通常は集団の構成員の数が多いほど、共同で行動することが困難になる。この「集団行為問題」を克服して効果的な政治活動をおこなうには、多数の構成員の意見を集約して、政治活動における目標や規範を設定し、構成員の利益代表団体として機能する組織が必要となる（Olson 1965）。

戦後日本の農村において、この役割を果たしたのは1947年に制定された農協法に基づいて設立された農業協同組合（農協）であった。しかしなぜ農協がこのような機能を持つようになったのだろうか。また数多く存在した農業団体の中で、農協がこうした機能を果たすようになったのはなぜか。本章では、農協の制度的性質を規定し様々な権限や特権を付与することとなった農協法の成立過程と、その後の農協の政治的機能の発展について検証し、これらの問いに対する答えを探る。

1▸ 戦前の状況——農会・産業組合・農業会

戦前の農村には大小様々な規模の地主、自作農、小作農などがおり、それぞれ別々の組織を通じて政治活動をおこなっていた。経済的に裕福な地主達の多くは農会に所属し、農会と関係が深かった政友会と連携して政治活動をおこなっていた。農会に所属していた地主は、「老農」などと呼ばれた篤志家や名士的な在村の地主が多く、農村の指導者として活躍していた。農会は、元来そうした老農らが農業技術の指導・普及や意見交換などをする場として作られた組織であった。その先駆けとなったのは、イギリスの農業結社をモデルにして1881年に設立された大日本農会であった。その後、大日本農会と別の組織（全国農事会）が統合して、1910年に帝国農会が設立された。帝国農会は農村選出の衆議院議員との連携を深め、政府や保守政党（特に政友会）に対して農地改良や農産物の価格支持などを求める陳情活動を活発におこなうようになり、地主層の利益を代表する圧力団体として発展した。

地主層が早い段階から農会によって組織されていた一方で、中小農や小作農などの利益を代表する圧力団体は長らく存在しなかった。しかし1920年代に入って小作争議が拡大・激化すると、小作農を組織するため各地で農民組合が結成され、小作農の多くが同組合に加盟した。1927年には全国の組合数は4582にも上り、組合員の合計は36万人を越えた（森 2006, p.15）。農民組合は左翼系の無産政党とのつながりを持っており、その活動は小作争議において小作農の権利を守ることに集中していた。そのため農民組合を通じた政治活動が、農業政策全般に影響を与えるような大きな政治運動となることはなかった。

戦前に存在した農業団体にはもう1つ産業組合という組織があった。産業組合は、1900年に制定された「産業組合法」に基づいて設立された協同組合で、主に中小農の経営を保護・支援することを目的として、信用・販売・購買・生産といった経済事業をおこなっていた。産業組合は急速に全国に広がり、大正初期には全国で1万以上の産業組合が設立され、1940年ごろになると組合数は1万5000組合にまで拡大し、全農家の9割以上が組合に加盟していた（川越 1993, p.254）。そして大正期以降、政府が米穀を中心とした食糧管理体制を強化するようになると、産業組合はコメの供出や管理や配給などといった面で、農林省の政策を遂行する行政代理機関として重要な役割を果たすようになった。しかし産業組合は主に経済団体として機能し、政治的な活動に従事することは限定的であった★1。

戦時期になると政府は、統制経済体制確立の一環として農村の組織化を模索し、1943年に農会と産業組合を統合して「農業会」という組織をつくった。農業会は農産物の集荷や配給に関する強大な権限を与えられ、行政代理機関として食糧管理体制の運営に重要な役割を果たした。石田（2014）は農業会について、「従来の系統農会がもっていた農業生産に対する統制機能と、産業組合がもっていた販売、購買、金融などの流通過程における独占的機能をあわせもち、農家経済のあらゆる面で国家的統制を行う機関」と評している（p.49）。巨大な経済団体であった産業組合と強力な政治団体であった農会を統合した農業会であったが、戦時期ではすでに政党政治が終焉を迎えており、総動員体制確立の強い要請を受けて統制組織としての機能を果たすことが最優先され、農業会が農村の利益代表団体として機能することはほとんどなかった。

以上を要約すると、戦前の農村においては2つの障害によって、農村が一体となって政治活動をおこなうことが妨げられていた。その1つは、農村内の多様性から生じた対立（特に地主層と小作農の間の対立）や利益の相反であった。そしてもう1つは、農村内の各グループが別々の団体によって組織化されており、農村全体の利益を代表するような組織が存在していなかったことである。第一の障害は農地改革によって解消され、第二の障害もその後農協が政治団体として機能し始めることで取り除かれることとなる。以下では、終戦後に農業会が農協として再編成され、農村の全体の利益代表団体として機能しうる組織として発展していく過程を検証する。

2▸ 戦後——農協法の制定

戦争終結後、GHQは占領行政の目標の1つとして「経済の民主化」を掲げ、戦時中の経済統制組織の解体を進めた。これを受けて財閥解体が断行され、産業の各業界につくられた「統制会」についても解体するよう指示を出した（佐々田2011）。さらには町内会や隣組といった小規模な自治組織までもが、「非民主的な」戦時統制組織と目され解体が命じられた（Pekkanen 2006）。そして農業の分野においては農業会が解体の対象となった。

そのきっかけとなったのは、第2章でも言及したGHQによる「農地改革に関する指令★2」（SCAP-IN 411：Rural Land Reform, 1945年12月9日）である。同文書の内容の大半は農地改革についてであるが、その中には根絶すべき「根本的な農村の弊害（basic farm evils）」として、地主制度と並んで「権威的な政府による統制」や「統制機関による恣意的な生産目標設定」があげられている。そしてその解決策として、「非農業勢力による支配とは無縁で、日本農民の経済と文化の発展に即した農業協同組合運動を育成・促進する事業」を展開するよう日本政府に要求した。これを受けて農林省では農地改革の遂行と同時に、農業団体制度の改革に着手することとなった。

農林省はGHQの指令にしたがって制度改革をおこなう方針を固め、和田博雄農政局長と東畑四郎農政課長（後に小倉武一と交替）を中心として農協法の立案にとりかかった。そして新しい農協には、組合員による役員の選出や総会における意思決定といった民主的な性質が盛り込まれることとなった。しかし農協の新しい組織の構成や事業内容について、GHQと農林省の間で意見の対立が生じた。当初農林省が意図していたのは、基本的に農業会の構造を踏襲するものであった。しかし法案起草の段階における農林省とGHQとの折衝を通じて、GHQは主に以下の4点で日本側に法案の修正を促した。

①集落単位の協同組合の廃止：農林省の当初案は、農業会と同様に4段階（全国・都道府県・市町村・集落）の系統組織を想定しており、集落単位では農家の生産共同体として戦前の農事実行組合と同様の「農業実行組合」を維持することになっていた。これに対してGHQは、農事実行組合を町内会や隣組と

同様に戦時期の統制組織のようなものと考え、廃止するよう要求した。②強制加入制度の撤回：農協を通じて耕地整理事業を進めようと考えていた農林省は、農業会と同様に農家に農協への加入を義務付けることを計画していた。これに対してGHQは、「実行組合なり農協を通じて国家権力が介入し、農民支配につながるおそれ」があると問題視し、「協同組合というのは要するに民主主義で、自由な加入、脱退が原則であるから、例外をつくることはまかりならん」として撤回を要求した★3。

③独禁法の適用除外・4種兼営について：農林省は農協の事業内容に関して、従来の産業組合や農業会と同様に農協が販売・購買・信用・生産の「4種兼営」することを認め、1947年4月に制定された独占禁止法の適用除外とするつもりであった。これに対してはGHQから「信用事業は当然独立させて、兼営は認めないという形にすべきではないか」という意見が出たという★4。④農業会との関係：最後に農林省は、農協の設立にあたって、基本的に農業会の施設や人材などを利用しつつ、農協に行政代理機関としての役割を引き継がせる考えであった。しかし農業会を戦時統制体制の組織と考えていたGHQは、「農業会は閉鎖機関と同じようにひとまず凍結して、それはそれなりに解体することにして、別に新たに協同組合をつくるべきだということを、非常に強く主張した」という★5。さらに川口(2022)によると、当初GHQは戦前の食管法に基づいた農業会を通じたコメの一元的集荷についても、非民主的な国家統制として問題視していたという★6。

GHQからのこれらの介入に対して、農林省は①と②の点ではGHQの主張を受け入れて、集落単位の農業実行組合の設立と強制加入制度については撤回し、農協の組合員資格は農家個人のみに認められ、組合への加入・脱退は任意となった。しかし③と④の点に関しては、農林省の計画通り農協法に組み込まれることとなった★7。したがって新設の農協は4種兼営を認められ、独占禁止法の適用から除外されることとなった。また「農業会が持っていたいろいろな施設、資産あるいは組合員に対する権利というものが、ほぼそのまま新しくできた農協に移行できるということになった」、さらに「農業会の区域なり、農業会のメンバーを、大体そのまま引き継いでやることが大勢として決まった[8]」。加えて農協を通じたコメの一元的集荷も、従来通り継続されることとなった。

農林省とGHQ側との1年半以上にもわたる折衝の末に完成した農協法案は、国会において承認され、1947年12月から農協法が施行されることとなった。こうして生まれた農協は、農林省が当初想定していた集落単位の生産共同体的なものとはならなかったが、戦時期の農業会の事業や権限や人材を継承したことで、従来の性質を色濃く残した組織となった。そのため新しく発足した農協のことを「農業会の看板の塗り替え」と揶揄するむきもあったという（石田 2014, p.60）。

最後に、農協法制定が農村経済に与えた影響を振り返ってみよう。まず農業会の事業や権限がそのまま継承されたことは、その後の農協と農家の関係を規定する重要な要因となった。つまり農協は、農家が主体となって自律的に運営する共同体的な組織というよりは、農林省の強い影響下におかれた行政代理機関あるいは統制機関といった性質を引き継いだ組織であった。そして戦時期の食糧管理体制が戦後も維持されたことで、同体制における農業会の役割（コメの集荷・配給など）も農協に引き継がれることとなった。さらに4種兼営が認められたことで、農協は金融・購買の分野でも優先的に農家と取引できる立場を維持した[9]。さらに太田原（2007）は、農協法によって農協が共済事業をおこなえるようになったことに注目している。農業団体による共済事業は、「戦前は保険業界の強い反対によって実現」できなかったが[10]、農協法制定後に農協の「共済事業はその後順調に発展して農協と組合員との強い紐帯となり、」また「信用事業も農業手形などで農家経済との結びつきを強め」た（太田原 2007, p.32）。こうして農協法は、農協を農村において強大な経済的影響力を持つ組織として再編し、農家と農協の経済的関係を排他的かつ極めて強固なものとした。

そして農協法の制定過程を俯瞰してみると、農地改革と同様にGHQからの介入があったことがわかるが、農地改革に比べるとGHQ側が譲歩した点が多く、両者の妥協の産物といえる。GHQが譲歩した背景には、当時食糧危機や後述するコメ供出問題などが深刻化していたため、しばらくの間は強権的な食糧管理体制が必要と認識されたからである。占領行政において絶大な権力を持っていたと考えられがちのGHQであるが、実は日本政府(特に官僚組織)からの抵抗や意図的な背反行為、状況の変化、GHQ側の人材不足・知識不足などといった理由から、GHQの計画や指令が実現に至らなかった例は数多く存在する。例えば、前述の町内会や統制会(戦後は「業界団体」)といったGHQに解体を命じられた組織も、結局は復活することとなり戦時期につくられた組織が機能し続けた(Pekkanen 2006; 佐々田2011)。この制度的連続性は、戦時期に構築された官僚主導体制がこうした団体を通じて戦後日本の政治経済システムを牽引し続ける要因となった。

第2章で検証した農地法は戦後における土地制度改革の成果を恒久化した法律であったが、逆に農協法は戦時期の農業会の下で構築された農家と農業団体(戦後は農協)との関係を強化・恒久化した法律であったといえる。そして農協法(および食管法)は、農政に制度的連続性をもたらす要因となったのである。

▶農協の仕組み

こうして設置された農協の組織構造は、以下のようなものであった。基本的な部分は設立当初から大きく変化してはいないので、ここでは現在の組織構造に基づいて簡潔に説明する。農協の組合員には正組合員と准組合員の2種類がある。正組合員は自ら農業に従事する農家または農業を営む法人である。准組合員は農家ではないが農村に在住している個人を指し、議決権や役員などの選挙権は有しない。農協の組織は、市町村レベル・都道府県レベル・全国レベルの3段階の階層構造となっている。市町村レベルには組合員が構成する個々の農協(単位農協という)があり、これらが農協の末端組織である。単位農協は、技術指導・経済(購買・販売)・共済(保険)・信用・厚生(医療)などの各種事業をおこなう。そしてそれらは、全般的な事業をおこなう総合農協と、畜産・酪農・果樹など特定の分野のみに特化した専門農協に分類される。

都道府県レベルには、各都道府県の単位農協が構成する農業協同組合連合

図3.1 農協の組織構造

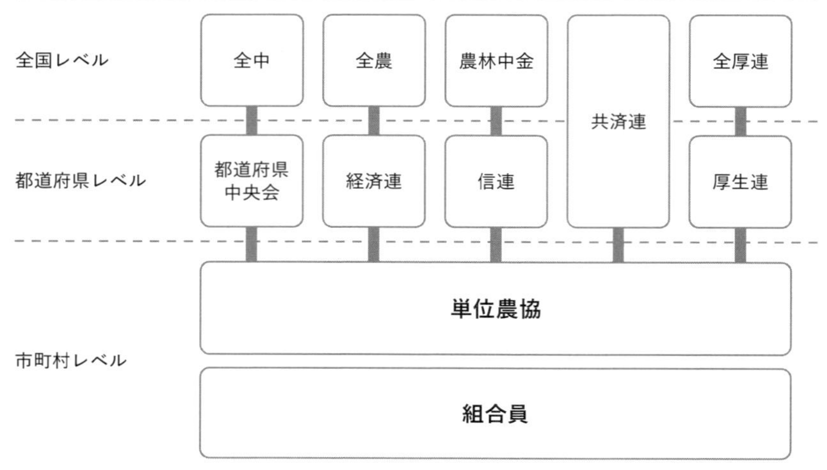

出典：著者作成

会が存在する。都道府県連合会は事業ごとに組織されており、各都道府県に信用農業協同組合連合会、経済農業協同組合連合会、共済農業協同組合連合会★11、厚生農業協同組合連合会がある。さらに単位農協の総合調整や指導をおこなう都道府県農業協同組合中央会がある★12。そして全国レベルには、各都道府県の連合会が構成する中央組織が存在する。信用事業には農林中央金庫、経済事業（購買・販売）には全国農業協同組合連合会（全農）、共済事業には全国共済農業連合会、厚生事業には全国厚生農業協同組合連合会、調整・指導には全国農業協同組合中央会（全中）がある。（図3.1参照）

前述のように農協の組織構造は、戦前の産業組合や農会の組織を統合して1943年に設立された農業会の組織構造を基にしている。農業会には中央レベルに中央農業会・全国農業経済会・農林中金があり、都道府県・市町村レベルにその下部組織があった。1つ違っていたのは、市町村レベルの下に集落レベルがあり、農事実行組合という下部組織が存在したことであるが、同組合はGHQの指示によって廃止された。

農協組織の中で本書において特に重要な存在は全中である。全中および都道府県中央会は1954年の農協法改正で、農協の各組織に経営指導や監査などをおこなう指導機関として設立された。その後、全中は農協全体の意見を総合調整し、利益団体として代表する機能を果たすようになった。全中の指導の下、全国の農協組織と組合員が一体となって政治活動をおこない、農政における農協の影響力は拡大した。

3 ▸ 農協の経営危機と行政介入の強化

しかし農協が設立されてから10年以上の間は、農協の政治的活動はあまり効果を発揮しなかった。なぜならこの時期の農協は、様々な経済的・政治的問題に直面していたからである。農協はこうした問題の解決に注力せざるをえなくなり、農村の利益代表行動が妨げられていた。そしてそれらの問題を克服する過程で、その後農協が強力な政治団体として活動するために欠かせない変化が生じたのである。以下では、この時期の農協の経営危機と農業団体再編成問題を通じて、農協内に中央集権的構造と政治的中枢機関が生まれた過程を検証する。

1940年代後半から1950年代の初めにかけて農協の政治活動が活発化しなかった理由の1つには、当時の農協が陥った深刻な経済的苦境があった。それによって多くの農協が財政破綻に追い込まれ、政治活動をおこなう余裕が失われたのである。この時期日本経済は急激な物価高騰と物資不足に見舞われ、深刻な苦境に直面していた。

経済の不安定化を懸念したGHQは、1948年12月に第二次吉田茂内閣に対して予算均衡・徴税強化・賃金安定などを含む指令（いわゆる「経済安定9原則」）を出し、インフレの収束と生産活動の回復を促した。そして翌年GHQの財政金融顧問として来日したジョセフ・ドッジが、経済安定9原則に基づいた経済財政政策（「ドッジ・ライン」）を取りまとめ、これを受けた吉田内閣によって財政支出の削減・復興金融債の発行停止・補助金の削減などが徹底して進められた。その結果、政府財政の安定・黒字化やインフレの収束などは達成されたものの、物価の急落（デフレ）による深刻な不況が発生し、企業経営の悪化や倒産などが相次いだ。

1947年12月に農協法が施行されると、全国各地において急速に農協が設立され、組合の数は1949年12月の時点で3万3191に上った★13。また350の都道府県連合会と14の全国連合会が設立された★14。しかし発足したばかりの農協は農産物価格の下落をともなうデフレ不況に直面し、財政状況が急激に悪化して経営破綻に追い込まれる組合が続出した。太田原（2007）によると、「昭和24（1949）年度の決算で、全国の総合農協の15.4%が赤字組合になっていたが、翌25年度ではこの数字が43.1%に達し」たという（p. 28）。そして1000以上の組合で貯金の払い戻しを停止する事態が発生したり、連合会も「軒並み巨額の欠損を出す状態」となった（石田 2014, p. 61）。

農協が経営不振に陥った背景には、デフレ不況の他にも農協が当時抱えていた内生的な問題があった。第一に、役員の適格性欠如である。北出（2001）は、「民主主義や自由主義の観点から設立の必要性が強調されたため適任者でない者が役員となった」ことを指摘している（p. 69）。こうした役員の多くは、従来農村において指導者的立場であった旧地主ではない人物で、経営や指導の経験・知識を持っていなかったこともあり、放漫経営の原因となった。第二に、農業会の負の遺産である。農業会から引き継いだ資産の中には不良資産となっていたものが多く、それらを引き継いだ農協の財政的な足枷となった。その他、農協・連合会が乱立したこと、組合員からの出資金が少なかったことなども指摘されている★15。

財政破綻の危機に瀕した農協を救済するため、政府は1950年4月に農協法を改正し、農協に対する行政庁による毎年1回の常例検査を義務化した。また1951年3月に「農漁業組合再建整備法」（制定後すぐに「農林漁業組合再建整備法」と改称）を制定し、経営危機に瀕した組合に再建計画をつくらせ、組合員からの増資実績に基づいて奨励金を与え、借入金の利子に対して補給金を給付した★16。さらに1953年制定の「農林漁業連合会整備促進法」によって、連合会の統廃合、食品加工工場などの整理、職員の削減などといった合理化政策が推し進められた。しかしこうした再建策の効果が現れるまでには数年を要し、大部分の農協の経営が安定するようになったのは、1958年ごろになってからであった。

農協の経営危機がもたらした帰結として重要なのは、農協の再建を通じて農林省による農協への監督・介入が強化されたという点である。農協の経営危機をきっかけに、定期的な行政検査がおこなわれるようになり、行政が農協の運営に積極的に介入するようになったことで、農林省の農協に対する影響力は拡大した。太田原（2007）によると、これは「農協は農政の末端機構であるべきだ」と考えていた東畑四郎農林事務次官（1953～54年）の見解を反映した動きであったという（p. 27）。拡大する農林省の介入に対して、経営難によって疲弊しきっていた農協からは「なんの反撃もない」状態であったという（p. 33）。これは農家が共同で自律的・民主的に運営する組織を設立するというGHQの意向とは相反するもので、戦時期のような国家による農村の統制を復活させるような動きであった。北出（2001）もこうした展開に対して「『行政監督権の制限』を目指して設立された農協の理念とは矛盾するものであった」と批判的に述べている（p. 70）。

4 ▸ 農協の中央集権化と農業団体再編成問題

農協の経営危機の帰結には、もう1つ重要な制度変化があった。それは1954年に全国農業協同組合中央会（全中）が設立されたことによる農協内の中央集権化である。これをもたらしたのは、1950～57年にかけて政治問題化した「農業団体再編成問題」であった。

▸ 第一次農業団体再編成問題

きっかけとなったのは、経営危機への対応として1950年ごろに農協内で起こった「経営純化論」に関わる議論であった。経営純化論は、経費削減を図るために営農指導事業を国の農業改良普及事業（1948年設立）に委ねて、農協は経済事業に専念すべきであるという意見であった。これに反応して農協とは別の団体である農業委員会が、農協から営農指導事業を引き継いで新しい農業団体を設立することを模索した。この背景には旧農会系と旧産業組合系との勢力争いがあった。上述のように、農会と産業組合は戦時期に農業会として統合されたが、その内部では旧組織間の対立が続いていた★17。農業委員会は1951年に農地委員会・農業調整委員会・農業改良委員会を統合して作られた組織で、その委員には旧農会系の人物が多かった。他方で、農協は「どちらかといえばもとの産業組合系統で占められて、昔の農会系統はなんとなくはみ出す格好になってしまった」という★18。要するに旧農会系の勢力が、農協から独立して戦前の農会的な組織を作ろうとする動きを起こしていたのであった（石田 2014, p. 65）。戦前において営農指導事業は農会の主要な事業であったため、旧農会系の勢力が農協からこれを取り返そうとするのは自然な流れであったともいえる。

農協法制定時の農政課長であった小倉武一の後年の回想には、当時の農林省の思惑について示唆する部分がある。小倉によると、農林省が1951年に農業委員会を設立した理由として「農協だけが農業者の利益代表だとか、農業外に対して農業の利益を主張するんだというようなことでは、偏するというか、どうも十分ではない。（中略）農協自身の利益代表というようなことになりがちであろうから、農業界全体の利益代表ということになれば、ほかにも別の組織が要る」との考えがあったといい、農林省が団体再編成を支持していたことがわかる（『農林水産省百年史』編集委員会 1979, 下巻, pp. 769-770）。また当時の読売新聞の社説には「農業団体再編の狙い」として、「農林官僚支配の再確立」や「戦時戦後の統制官僚の温存」があったことが指摘されている（読売新聞 1952年5月10日）。

この再編案を具体化し「農事会」という団体を新設する政策提言が、1952年に農村更生協会という団体から発表された。同協会の主なメンバーは農林省のOBであり、会長は戦前の農政を主導し農林大臣も務めた石黒忠篤であった。そのため農林省官僚とも深い関係がある団体であった。さらに太田原（2007）によると、この背景には当時の自由党政権の政治的な思惑もあり、「自由党は、戦前の政友会が農会と結びつくことによって農村を安定的な地盤とした政略を再現しようとした」のだという（p. 35）。

農業委員会と農林省と政党からの団体再編成への圧力に対して、農協は激しく抵抗した。農協内部にも経済純化論を支持する勢力もあったが、最終的には再編案に反対することで意見★19が集約され、1952年10月に第1回全国農協大会において「農業団体再編成に反対する決議」が採択された（石田 2014, p. 65）。そして再編成案については、農林省の影響拡大を危惧する他の農業団体（日本農民組合・全国農民組合・全国農民連盟など）からも反対意見があがった。農業団体からの予想以上に激しい反対を受けて、農林省は同じ月に「農業団体三原則」を発表した。その内容は「生産技術指導は国および地方公共団体を主体として充実・強化すること、農民と農業の代表機関を整備すること、農業協同組合事業の刷新・強化に資すること★20」というもので、農協から営農指導事業を切り離すことは盛り込まれなかった。

そして同原則に基づいて、1954年6月に農業委員会法と農協法が改正された。この時の制度改革を、「第一次農業団体再編成」という。農業委員会法の改正によって、都道府県農業委員会は廃止され、都道府県農業会議が新設されて、その中央組織として全国農業会議所が新設された。改正された農業委員会法には、全国農業会議所の業務として「農業及び農民に関し、意見を公表し、行政庁に建議し、又はその諮問に応じて答申する★21」と規定された。また改正農協法によって、それまで農協の営農事業を担当していた全国指導農業協同組合連合会（全国指導連）および都道府県指導連が廃止され、全国農業協同組合中央会（全中）と都道府県農協中央会が設立された。

全中の設立は、その後の農協の運営と農政活動に大きな影響を与える重大な制度改革となった。全中が設立されたのは、「組合の事業、経営および組織の全部にわたって組合を指導し、その経営を改善する」ために「強力な指導機関が要望され★22」たからであった。全中の前身である全国指導連および都道府県指導連にはいくつかの問題点があり、農協の危機を招いた放漫経営を防ぐことができなかった。それは、「指導連が他の事業連と並立の関係であった」ことから、「事業連の分立体制の下では経済事業や金融事業への口出しはできなかった」ため、農協全体を監督・指導するような権限を持っていなかった点であった。その結果、「再建整備、整備促進の過程でも、全指連ではなく農林中金や全販連、全購連などが加わった経対協が指揮を執った」という（太田原2007, p. 35）。また都道府県の指導連も、全国指導連に対してある程度の独立を保っていたため、全体の統制がとれていなかった★23。

強力な指導機関を求める農協関係者は、戦前の産業組合が持っていた「産業組合中央会」のような中枢機関をつくりたいと考えていたという。「昔式の産組中央会というものは、全国段階に一つだけあって、府県は支会だった」ため、中央と都道府県の関係は「組織・経営的にはやはり本店と支店のような感じ」であった★24。さらに全中は、「農協全体の指導育成機関という位置づけであり、農協だけでなく事業連をも会員として指導の対象としていた」（太田原2007, p. 35）。全中の事業については、組合の事業および経営の指導、監査、教育、紛争の調停、調査・研究などと規定された。また「組合に関する事項について、行政庁に建議することができる★25」とされたことで、政治的な活動にも積極的に関与することとなった。

全国農業会議所の事業には「農業及び農民に関し、意見を公表し、行政庁に建議し、又はその諮問に応じて答申する」と全般的な農政活動が含まれていた一方で、全中は「組合に関する事項」についての建議と限定されていたことは興味深い。ここから農林省が農村の利益代表団体として全国農業会議所を想定していたことが窺える。しかし実際には農協の事業は農村全体に関連していたため、この規定が全中の活動を限定する効果はなかった。いずれにせよ、こうして全中が設立されたことによって、農協に中央集権的な体制が確立され、農村全体の利益代表団体として機能しうる組織が誕生したのである。

▶第二次農業団体再編成問題

農業団体の再編成問題は1954年の法改正によって終結したかに思われたが、その後も旧農会系と旧産業組合系との勢力争いは継続し、再度政治問題化した。旧農会系の勢力が中心となっていた全国農業会議所（農業委員会）にとって、第一次再編成の結果は不満の残るものであり、再度団体再編成をおこなうことを政府・与党に働きかけていた。これを受けて河野一郎農林大臣は、1955年4月に全国農業会議所に対して農政の浸透方策に関する諮問を行った。この時の河野の思惑に関して、中野和仁元農林省事務次官（1974〜75年）は、「河野さんの構想は、かつての帝国農会を頂点とする系統農会の組織のように、上からの農村指導の体制をきちっとしておきたいという一面をもっていた。そういうことは政治的にみれば、選挙とも関連した保守党の基盤をつくっておきたいという意図があったのではないかと思いますね」と評している[★26]。

河野農相の諮問に対して、全国農業会議所は「農業委員会に代わる新団体を設立し、農民の利益代表活動と技術指導を担わせるべき」だとの意見を表明した（石田 2014, p. 66）。さらに自民党の衆議院議員で元農林政務次官の平野三郎が、1956年1月に新しい農業団体として強制加入制をともなう「農民会」の新設や総合農協から信用事業を分割するといった内容の私案を提示した（吉田 2012, p. 19）。この案については、河野の差し金との見方も強かった[★27]。さらに河野は「農協中央会を農業会議所に吸収合併しよう」とも考えていたという[★28]。辻（1994）によると、「農業委員会を基礎に農政浸透、農民利益代表、営農指導の機能を持つ役所直系の農政機関を願っていた農林省はこの農民会構想を支持した」という（p. 222）。こうして再度農協は、全国農業会議所・政党・農林省からの団体再編成に対する圧力に晒されたのである。

営農指導事業や金融事業や政治活動を農協から分離する案が実現すれば、農協の経済事業および政治活動が著しく弱体化することは明白であった。そのため全中は1955年12月14日に開催された全国農協中央大会で、「農協は経済事業と営農指導事業をあわせて行うことにより生産性、農家経済の向上をはかっている。このため農業の技術指導は農協の強化で全きを期するものであり、農民の組織を弱体化するような農業団体再編成には反対である」との意見を表明した（読売新聞 1955年12月15日）。さらに1956年3月にも「新農業団体設立反対全国農協組合長大会」を開催するなど、全国的な反対運動を展開した（吉田 2012, p. 18）。

農協の激しい抵抗を受けて、来る7月の参院選挙への影響を危惧した自民党は、早期解決を図ることを優先した。党執行部は河野農相に党総務会への出席を求め、「農協から信用事業を分離するようなことはしない。農民会などへの農業団体の再編成はしない」と明言させた（吉田 2012, p. 19）。これによって第二次農業団体再編成問題は収拾し、農協はその経済的・政治的影響力の弱体化につながる改革案を廃案に追い込むことに成功した★29。この事例からわかることは、農協内に全中という強力な指導機関がつくられ、農協の利益を大きく侵害しかねない政策案に対して効果的な反対運動を展開し、政府の計画を撤回させる政治的影響力を持つようになっていたということである。言い換えれば、全中は「拒否権プレーヤー」として機能できるほどの影響力を持っていたといえる。

一方、農協との勢力争いに破れた全国農業会議所（旧農会系勢力）の方はというと、1954年の農業委員会法の改正によって全国農業会議所が農村の代表団体となるかと思われたが、実際はそうはならなかった。それは、営農指導事業や金融事業を通じて農協の経済的影響力が拡大したことで、全国農業会議所が徐々に周縁化されてしまったからであった。その結果、全国農業会議所および農業委員会の事業は、農地行政に関連したもの（農地売買・貸借・転用の許可、農地の調査指導など）が中心となり、「戦後自作農体制を守る農地法の番人」（太田原 2007, p. 35）として重要な役割を果たしたが、その後全中の政治的影響力が増していくにつれて、農村の利益代表活動をおこなう政治団体としての機能は失われていった。

最後に、農業団体再編成問題の帰結としてもう1つ特筆すべき点をあげると、農業団体の再編成をともなう政策が、政策立案者（自民党執行部・農林省）の間で「タブー」として強く認識されるようになったことがある。元農林事務次官の東畑四郎が指摘するように、これ以前から「団体問題というのは、古来農政のタブー」とされてきた★30。それは、団体の再編成が既存団体の事業や既得権益を侵害するため、農業界内部の抗争を引き起こし、激しい反対運動や政府批判を招くことが避けられないからであった。過去には産業組合と農会を統合し農業会を設立するという抜本的な再編成がおこなわれたが、それは戦時下において国家総動員体制を確立するためという極めて特殊な状況だったからこそ可能な改革であった。逆に言うと、それほどの非常事態でなければ手を付けられないほど困難な政治問題であったといえる。1950年代の再編成問題で関連団体の間に激しい対立と混乱を生じさせた苦い経験から、政府はその後農業団体（特に農協）の制度改革を戦後の長きにわたって避けてきた。そしてそのタブーが初めて破られたのは、2015年に安倍政権の下でおこなわれた農協改革であった。同改革では、全中が一般社団法人となり監査権を剥奪され、農協の中枢機関としての影響力が弱体化されることとなった（Sasada 2015）。以上のことから1950年代の農業団体再編成問題は、実に60年以上にわたって影響を与え続けた重要な出来事であったといえる。

5▸ 小括

戦前の農村においては、地主層の政治団体であった農会や、小作農の擁護団体であった農民組合や、経済事業体や行政代理機関として機能した産業組合といった様々な農業団体が存在した。戦時期には総動員体制の強化を目的として、産業組合と農会が統合され農業会が設立された。農業会は厳格な食糧管理体制の下で、強力な統制組織としての役割を果たした。しかしこれらの団体が、農村全体の利益代表団体として機能することはなく、農村が政府の農業政策に与える影響は限定的であった。

戦後の占領期には、GHQが経済の民主化という目標の下に農家の自主的な運営に基づいた農業団体の設立を模索した。そして農業会が解散され、農協が誕生することとなった。農協には民主的な性質が一部付与されたものの、基本的には農業会の組織や人材や事業を継承したため、実態としては以前と大きく変わらない構造であった。戦前と同様に経済事業と信用事業などの兼営を許可された農協は、農村経済において独占的な地位を占め、巨大な経済的影響力を維持することとなった。そして食糧管理体制が継続されたことで、行政代理機関としての役割も引き続き担うこととなった。第2章で検証した農地法は戦後における土地制度改革の成果を恒久化した法律であった一方で、農協法は戦時期の農業会の下で構築された農家と農業団体（戦後は農協）との関係を強化し制度化した法律であったといえる。

農協法が施行されると全国各地に多数の農協が設立されることとなったが、デフレ不況の影響を受けて、多くの農協が深刻な経営危機に陥った。経営再建にあたって行政の支援・指導をあおぐこととなり、農協の経営指導強化が図られた。その結果、農林省による指導・監督が強化され、農協全体の指導機関として全中が設立された。全中が設立されたことで、農協は政治活動の中枢機能を果たす組織を手に入れた。農協の農村における経済的影響力の拡大と中央集権化といった制度発展は、農政トライアングルの形成の条件である農村全体の利益代表機能をもった組織が創出されたことを意味した。

しかし経営危機への対応に追われていた農協は、農業団体再編成問題にも巻き込まれ、農協の事業と既得権益を守るために、再編成を進めようとする他の農業団体や政治家や官僚らからの政治的圧力に抵抗する運動にも追われた。その他にも後述するように政治活動における農協の戦略的な未熟さと、保守政党内部のトップダウン型政策過程といった要因も、農協の政治的影響力を拡大することを難しくしていた。このため農協は全中設立後もしばらくは農村全体の利益代表団体として機能することができなかった。次章では、1950年から1960年代前半にかけて農協の政治的影響力が限定的であった背景を詳しく探り、その後農協が保守政党との連携を強固なものとしていく過程を検証する。

註

★1――産業組合が関与した活動のなかに「産業組合運動」があるが、これは産業組合の事業拡大（全戸加入、組合不設置町村の解消、組合利用の強化など）を目的とした経済色の強い運動であった。また産業組合の事業拡大に反対する「反産運動」に対抗する活動でもあった。

★2――国会図書館デジタルコレクション：https://dl.ndl.go.jp/pid/9885478/1/1

★3――『農林水産省百年史』編集委員会 1979, 下巻, p. 749, p. 752。

★4――同上, p. 761.

★5――同上, p.759.

★6――川口2022, p. 34.

★7――しかし都道府県レベルの信用事業（信用農業協同組合連合会）は単営とされた。

★8――『農林水産省百年史』編集委員会 1979, 下巻, p. 760参照。農協の役員に関しては「農業会役員を経験したものはおよそ二割」だけであったため、役員の人選においては変化がみられた（石田 2014, p. 60）。しかし占領行政の終了後、公職追放されていた農業会の元役員が農協の役員職に就くことも多かったという（太田原 2007）。

★9――4種兼営については、農協法施行後の1948年にもGHQは独禁法に基づいて兼営を禁止するよう同法を改正するよう圧力をかけた。しかしこの改正法案は、国会で承認を得ることはできず、廃案となった（『農林水産省百年史』編集委員会 1979, 下巻, p. 105）。兼営禁止に関する再三の要求は、GHQがいかに農協の経済的影響力の拡大を危惧していたかを物語っている。

★10――石田（2014）によると、一部の共済事業は農業会によっておこなわれていたという。

★11――都道府県共済連は2000年に全国共済連と統合したため、その後は各都道府県に全国共済連の都道府県本部が設置された。

★12――中央会の監査権は、2015年の農協法改正によって撤廃された。

★13――『農林水産省百年史』編集委員会 1979, 下巻, p. 104-05. このころ解体された市町村農業会の数が1万0721であったことを考えると、極めて多数の組合が設立されたことが分かる。新設された農協のうち、組合員が出資しない非出資組合の数は1万6299で、全体の約半数に上った。

★14――同上。

★15――『農林水産省百年史』編集委員会 1979, 下巻, p. 107; 石田 2014, p. 62.

★16――しかし太田原（2007）によると、この再建策は「実際には組合員農家のふところから増資させることによって帳尻をあわせる」というもので、農協の再建は「農民の負担」に依存するところが大きかったという（p. 30）。

★17――営農指導事業に関して、農業会の内部で産業組合系と農会系の間で対立していたという（『農林水産省百年史』編集委員会 1979, 下巻, p. 768）。

★18――『農林水産省百年史』編集委員会 1979, 下巻, p. 764.

★19――「経営純化論」に対して、農協が営農指導事業も担うべきとする意見は「総合論」と呼ばれた。

★20――山形県農業協同組合沿革史編纂委員会編 1960, p. 267.

★21――「農業委員会法の一部を改正する法律」1954年6月15日, 第59条。衆議院ウェブサイト：https://www.shugiin.go.jp/internet/itdb_housei.nsf/html/houritsu/01919540615185.htm

★22――山形県農業協同組合沿革史編纂委員会編1960, p. 266.

★23――中央に強力な指導機関を設立することに対して、当初県レベルの指導連は「絶対反対」の姿勢を示したという（『農林水産省百年史』編集委員会 1979, 下巻, p. 771）。

★24――同上, p. 771.

★25――前掲「農業委員会法の一部を改正する法律」第73条の9。

★26――『農林水産省百年史』編集委員会 1979, 下巻, p. 767.

★27——例えば、同年2月22日の衆議院農林水産委員会で、社会党の衆議院議員淡谷悠蔵は河野農相に対して、「平野三郎君の農業団体の再編成案、農民会という構想をもって新しい農業団体を作ろうという案は、世間では河野一郎が平野三郎をしてアドバルーンを上げて指かんをしてみたんだといううわさが立っております、これはどうでありますか、はっきりお答え願いたい」と質問している。河野は否定しているが、同案が河野の手によるものとみられていたことがわかる。国会会議録検索システム：https://kokkai.ndl.go.jp/simple/txt/102405007X01019560222/129

★28——『農林水産省百年史』編集委員会 1979, 下巻, p. 767.

★29——その後1957年に農業委員会法が改正されて、市町村農業委員会に指導事業的要素を加えるような改正がなされたが、大勢に大きな影響を与えることはなかった。

★30——『農林水産省百年史』編集委員会 1979, 下巻, p. 766.

第4章

農村コミュニティの政治参加
――保守政党と農村の連携(1)

農政トライアングルの形成に不可欠な必要条件の3つ目は、「保守政党と農村の間の緊密な連携」である。農家の大多数が政権与党を支持し投票しなければ、その見返りとしての農業保護政策が立案されることもなく、農政トライアングルは成立しない。1955年体制下において農村票のほとんどは自民党に流れ続けたため、農家は伝統的あるいは本質的に保守政党を支持する傾向があると一般的に考えられがちである。しかし農政の歴史を振り返ると、こうした見方は必ずしも的を射たものではなく、農政トライアングルの形成も当然の帰結であったとは言えないことがわかる。

確かに戦前の地主層は保守政党であった政友会と深い関係を持っていたが、全ての農家が保守的であったという訳ではない。実際に、戦前において農村コミュニティの構成員の大半を占めた中小農・小作農の多くは、保守政党とのつながりを持ってはおらず、逆に農民組合を通じて左翼系の無産政党と近い関係を持っていた。そして戦後になってもしばらくは、農村における社会党や共産党への支持率は比較的高く、こうした状態がその後も継続する可能性がなかったとは言えない。

ではなぜ農村は保守政党と連携するようになったのか。そしてそれはいつ頃起きたのか。本章では、1940年代後半から1960年ごろにかけての農村コミュニティの政治参加の推移と、保守政党と農村（および農協）の関係を検証し、これらの問いに対する答えを探る。

1▸ 戦前の状況――政党と農村

第1章でも触れたように、戦前における政党と農村との連携は部分的で、さほど緊密なものではなかった。政党と強いつながりを持っていたのは、帝国農会を通じて政友会と深い関係を持っていた大地主や裕福な大農などに限定されていた。そうした勢力の政治的影響力も、農村地域に関連する政策などに限られていて、戦後のように日本の財政・貿易政策などに重大な影響を与えるようなものではなかった。それは地主層と連携していた議員の多くが党内での序列が低い議員が中心で、政友会の幹部らは党にとって重要な資金源であった財閥や大企業の利益を優先していたからである（本位田 1932）。また地主層は農村コミュニティのごく少数の富裕層であったため、選挙における数的な影響もさほど大きくなかったことも、彼らの影響力が農村地域に限定されていた理由といえる。

また農村コミュニティの大部分を占めた中小農・小作農の多くは、1925年の普通選挙法制定までは選挙権を持っていなかったため、既存政党から重要視されることはなかった。普通選挙制度導入後も、地主層の利益を優先した政友会は、地主層と相反する利害を持つ中小農・小作農から距離をとった。憲政会（後の民政党）は支持層拡大のために彼らに接近することを企図したこともあったが、同党は基本的に都市部を中心とした政党であったため、重要視したのはやはり財閥や大企業の利益であり、農家との連携が進展することはなかった。

大正時代になって小作争議が全国的に拡大すると、主に小作農の立場を守るために各地に農民組合が結成されるようになった。農民組合は左翼系の無産政党とのつながりが深く、小作農と無産政党との橋渡し役として機能した。戦前には社会民衆党や日本労農党、そしてそれらが合併して結成された社会大衆党といった左翼系の無産政党が存在した。農民組合の活動は無産政党の農村における党勢拡大につながる可能性を秘めていた。しかし農民組合の内部では頻繁に分裂や対立が生じ、効果的な政治動員をおこなうことを妨げた（ドーア 1965, p. 407; 森 2006, p. 27）。また無産政党は議会において少数派であり、政策過程における影響力はほとんど持っていなかったため、立法活動を通じて農民の支持を集め党勢を拡大することはできなかった。

2▸ 終戦直後

戦前には共産主義者や社会主義者の多くが、政府の摘発を受け政治犯として投獄されていたが、1945年8月15日の戦争終結後、GHQの指令によって釈放されることなった。そして同年10月には日本共産党が、そして同年11月には日本社会党が結成された。同じくGHQの指令に基づいて労働組合の結成と活動が奨励された結果、労働組合が各地に結成され、1947年には組合数2万3323、組合員数569万人に急増した★1。労働運動の高まりは、社会党や共産党といった左翼系の革新政党への急速な支持拡大につながり、特に社会党は1947年の衆院選において143議席を獲得して第一党に躍進した（共産党の議席数は4）。その結果、社会党は民主党・国民協同党と連立政権を組み、社会党委員長の片山哲が首相に就任して片山内閣が発足した。

この時期、農村においても革新政党への支持が拡大した。戦前に分裂していた農民組合を統合する形で1946年2月に日本農民組合（日農）が再結成され、翌年には129万人の組合員を抱える全国的な組織へと発展した。日農は中小農・小作農を擁護し、地主から彼らの利益を守ることを目的として活動を展開した。日農は社会党や共産党の主要な支持母体の1つとなり、農村における革新政党の支持拡大に大きく貢献した。

3▸ 保守政党と農村の連携理由とそのタイミング

終戦後革新政党への支持が拡大しつつあった農村は、なぜ保守化し保守政党と緊密な関係を築いたのであろうか？　そしてそうした変化はどのタイミングで起きたのか？　これらの点については、農政研究者の間でも見解が分かれている。農村の保守化の理由とその時期についての見解は、①農地改革の結果（1940年代後半）、②革新政党と農民組合の内部抗争と分裂（1950年代前半から半ば）、③農協による政治動員（1950年代〜1960年代初め）などがある。以下では、これらの仮説を検証し、上記の問いに対する答えを探る。

▶農地改革の結果（1940年代後半）

第一に、農村が保守化し保守政党と連携するようになった理由として広く受け入れられている仮説は、農地改革の結果とするものである（Beasley 1995；Sims 2001；Gordon 2002；暉峻 2003；Hayes 2018）。それによると、農地改革によって地主制度が解体されて小作農が土地持ち自作農となり、長年彼らを悩ませた小作料の高騰や小作地の取り上げなどといった問題は解消され、彼らの関心は農地改革後の新しい体制をいかに維持するかに変化したという。すでに述べてきたように、農地改革後にも旧地主層が農地改革における土地収用の違法性を訴え、土地の買い戻しを図っていたこともあり、新しい土地体制を堅持することは旧小作農にとっては重要な課題であった。しかし農地法が制定され、農地改革の成果が固定化されたことで、農家の関心は農業経営の安定化や収入増へと移っていった。また地主も小規模自作農となったことで、地主と小作農の間の対立も解消された。こうした状況で農家の多くは現状維持を志向し、さらなる急進的な体制変動を訴える団体や政党を支持することを止め、保守政党を支持するようになったというのである。

農村の保守化は、農地改革を指示したGHQの目的の1つでもあった。GHQは地主制を解体することで農村社会の民主化・政治的安定化を促し、「農民を政治的過激主義（または極左・極右）に陥らないようにする」（チラ 1982, p. 1）ことを目指し、土地を手にした自作農が「新しく得た権利の確固たる防衛者層を形成し」反共産主義の担い手となることを期待した（p. 61）。Sims（2001）は、こうしたGHQの思惑通り「農地改革は、農村における過激思想が拡大する要因を排除し、農村における革新勢力を衰退させ」、その結果として「農村選挙区が（保守政党の）支持基盤となる余地を与えることで、保守政治家に対して大きな恩恵を与えた」と主張している（p. 253）。暉峻（2003）も、「（農地改革による）自作農体制の創出は、改革前の地主・小作関係を中心とする農村のタテの階層的関係を希薄化し、農村の平準化と民主化にも寄与した。日本の農村に穏健な保守層を分厚く形成させ、戦後、保守党体制下に日本資本主義が安定的に発展する事にも寄与した」(p. 138) としている。他にも同様の見解については、Gordon (2002, p. 278) やHayes (2018, p. 30) がある。

こうした見解は、当時の政治家や運動家らにも共有されていた。例えば、大蔵大臣時代の池田勇人は農地改革の成果について、「農地改革は現状に満足した自作農を多数つくりだし、保守党の立派な地盤をつくったのだ。だからわれわれとしては、それを保存しなければならない」と評価した (ドーア 1965, p. 365)。また日農の指導者で後に衆議院議員 (労農党・共産党) を務めた山口武秀は、「農地改革の発表をきいた時に、『しまった』と思った」と語り、さらに「農地改革が行われなければ、2、3年のうちに東京では革命政府ができたはずです」と、農地改革がもたらした影響について述べたという (p. 410)。

さらにこの時期に革新政党が社会主義的思想に基づいた農地の国有化や集団農場化を目指したことで、革新政党・農民組合と農村の間に亀裂が生じたとされている。そしてそうした社会主義的農業政策が、その後農村における革新政党への支持が回復することを妨げたという。実際に、第二次農地改革が施行されその成果が着実に達成されつつある中でも、革新政党や農民組合はさらなる改革を主張していた。例えば「共産党指導部は、農村内の階級対立を基礎とした政治的動員戦術を継続した。彼らは、農地改革が封建遺制を温存するための偽装であるとして、農民運動の停滞を中農の『プチブル』的精神構造に帰し、『貧農』が指導権をとることを指令した」という (樋渡 1991, p. 146)。つまり農地改革が戦前における地主層と小作層との対立を解消しつつあったにもかかわらず、共産党は階級闘争を基にした政治運動の継続を志向していたのである。さらに共産党は、将来的に農地を国有化し集団農場化することを訴えていた (大川 1988, p. 4)。また社会党も1948年1月におこなわれた第3回党大会において「第三次農地改革要綱」を採択し、「全小作地買収・農地集団化・農地利用共同化・農協による農地管理など」をおこなうことを目標として掲げた(p. 9)。

同様に日農も第二次農地改革について一定の評価を与えつつも、「形式的な土地分配」に過ぎず「農業経営に対する社会主義的技術指導の滲透を伴はざる限り……依然たる自作農創定に終り農民の貧農化、零細化の途に立たされてゐることになる」として、さらなる土地制度の改革の必要性を主張した(大川1988, p. 6)。そして「農業経営の協同化と経営の共同化」を目指した日農の社会主義的改革案が、「農業革命」や「第三次農地改革案」として日農の政策目標とされた★2。

革新政党および農民組合の社会主義的政策は、農家が再び土地の所有権を失うことを意味していたため、第二次農地改革後に農家のほとんどが土地持ち自作農となった農村コミュニティが歓迎するものではなかった。もし農地改革の成果が農家に現状維持志向をもたらしていたとすれば、革新政党・日農による急進的な改革案は、農家がそうした政党・団体を支持することを困難にし、農村の保守化を招いたとも考えられる。

小作農が土地持ち自作農になったことで、彼らが現状維持を志向し、革新政党から距離をおくようになったとする仮説には確かに説得力がある。仮に農地改革が不徹底であったり、農地法でその成果が固定化されなかったとしたら、再び地主制およびそれにともなう地主層と小作層との対立が復活して、農村全体が保守化することはなかった可能性がある。その意味では、少なくとも農地改革が保守化の遠因となったことは否定できない。

しかしながら農村における政党支持率などのデータを分析すると、農地改革が農村の保守をもたらしたとする仮説は、実証上の問題を抱えていることがわかる。複数の研究者が指摘するように、農地改革が終了した1950年以降にも10年以上にわたって農村における革新政党への支持は拡大を続けていた(ドーア 1965; 庄司 1997; Babb 2005)。Babb(2005)は、農地改革が農村の保守化をもたらしたという仮説を明確に否定している。Babbは1949年の衆議院選挙のデータを統計学的に分析し、農村に農地改革の地域別の進捗状況と社会党への投票率の間に相関関係がなかったことを明らかにし、「農地改革は農民を直ちに保守的にしたとは言えない」と結論づけ、同時に日本の農家が伝統的に保守的であったという見解も否定している（Babb 2005, p. 189）。同様に、庄司（1997）は「昭和30年代前半の、安保改定までの時期（筆者注：1955～60年）というのは、社会党が2割を超える農民支持率を獲得するに至った時期なのであり、同党の長い戦後史において農民から最も高い支持を受けていた時期だった」と指摘している（庄司1997, p. 33）。

農地改革後も社会党が農村での支持を維持していた背景について、ドーア（1965）は自身が1950年代後半におこなった調査を基に、以下のように述べている。「社会党が今日農村から得ている支持には、経済的あるいはイデオロギー的な要因よりも、個人的な結びつきという偶然に依存している方が多く、『偶然性』の要素がある程度含まれている」（p. 397）。また「われわれの調査対象では、兼業農家の51％が社会党を支持し、35％が自民党を支持するといい、一方専業農家ではその割合はそれぞれ、39％と43％になっている」として、労働者として労働組合に加入している可能性の高い兼業農家が、農村における社会党の支持基盤となっていることを示唆している★3（p. 399）。

また、急進的な農業革命を訴えていた共産党や日農に比べると、1947年に政権与党となった社会党は比較的穏健な農業政策を希求していたことも、農村における社会党支持が1950年代に入っても継続した要因の1つといえるだろう。例えば、農業の集団化を含む第三次農地改革案を党大会において採択したものの、社会党は積極的に同案の実施を追求することはなかった（大川1988, p. 9）。この背景には、片山内閣・芦田内閣において連立パートナーであった保守政党（民主党・国民協同党）への配慮があったことは確かであるが、いずれにせよ社会党が穏健な姿勢をとったことで、農村における支持を急速に失うような事態にはつながらなかったといえる★4。また1940年代後半には零細・低所得層の農家を主なターゲットとし、貧農・富農間の階級闘争を基盤とした政治運動の継続を目指していた革新政党も、その後は農村コミュニティの全体から支持を得ることを模索するようになった（ドーア1965, p. 405）ことも、農村の支持を得やすくしたと考えられる。

つまり農地改革による農村の均質化によって、農家の政策選好が現状維持志向になり、革新政党のものと乖離するようになったことから、農地改革の成果は農村と保守政党の連携の必要条件であったといえる。だがそれだけでは両者の連携が起こらなかったことを考えると、それは十分条件ではなかった。農村全体が保守政党と緊密な関係を築くには、農地改革以外の別の要因が揃う必要があった。そのため農村の保守化が起きたタイミングは、農地改革の直後（1948～1950年）ではなく、もう少し後の時期であったと考えられる。

▸ 革新政党と農民組合の内部抗争と分裂（1950年代前半から半ばにかけて）

農村の保守傾向が定着したもう1つの要因として指摘されるのは、革新政党と農民組合の内部抗争と分裂である。革新勢力は農地改革の後も農村においてある程度の支持を集めており、ドーア（1965）が指摘したように産業労働者としての側面を持っていた兼業農家からの支持を基盤として、革新政党が農村で勢力を拡大する可能性も十分にあった。しかし1940年代後半から1950年代の半ばにかけて、革新政党および農民組合の間で内部抗争や分裂が頻繁に発生したことは、革新勢力が農村において支持を拡大することを困難にした。

革新勢力内部の混乱の始まりは、社会党の片山哲委員長を首班とする片山内閣における平野力三農相の罷免であった。この背景には、農家の生産意欲向上のため米価の引き上げを主張した平野農相に対して、インフレ抑制のためにそれに反対した和田博雄経済安定本部長官（および西尾末広官房長官）との間に起きた対立があった。平野は社会党内の農村議員のリーダー的存在で、穏健な農業政策を支持し、保守勢力とも近い関係を持っていた。閣内対立が表面化したことで、GHQの介入を招く事態となり★5、最終的に1947年11月に片山首相が平野農相を罷免するに至った。その後、平野は16名の農村議員と共に社会党を離党し、社会革新党を結成した。平野農相の後任人事でも、社会党左派や日農が支持した野溝勝の起用を、民主党と国民協同党に配慮した片山首相が見送り、社会党右派の波多野鼎を起用したことで、左派勢力および日農と社会党執行部の間に深刻な亀裂が生じ、片山内閣が頓挫する一因ともなった。

片山内閣を継いだ芦田内閣においても、社会党は民主党・国民協同党と連立を組み、与党として参画したが、1948年度予算案の国会審議において、社会党左派議員の一部が党の方針に反して反対票を投じる事態が発生し、社会党は造反した議員6名を除名した。これは同予算案に含まれていた鉄道運賃と通信料金の値上げや取引高税の導入といった内閣の方針に反対したためであった（中北1998, p. 196）。黒田寿男ら除名された議員達は、労働者農民党（労農党）を結成した。さらに1950年1月には人事などをめぐる対立によって、ついに社会党は左右両派に分裂する。最初の分裂は3カ月ほどで解消したものの、1951年10月に講和条約の承認賛否をめぐる対立から再び左右両派に分裂し、1955年の再統一まで右派社会党と左派社会党として別々に活動することとなった。

日農もこうした内部抗争や分裂と無縁ではなかった。前述の平野農相は日農内部でも政治部長や中央委員などの要職を務め、指導者の1人として強い影響を持っていた。しかし日農内の共産党系勢力が主張した農業の共同化・集団化を平野が批判したことで、日農は平野を除名処分とした。その後、平野は1947年7月に全国農民組合を結成した。そして1949年には、日農内部に社会党系の主体性派と共産党系の統一派が形成され、主体性派からさらに社会党右派に近い新農村建設派が派生し、農民組合が一体となって活動することを困難にした（ドーア 1965, p. 407）。樋渡（1991）によると、こうした対立を招いたのは「農民の団結・動員を追求する立場と農村内の階級対立の先導を継続する勢力との党派的対立」（p. 147）であったという。つまり均質化した農村を一体的に組織し発展させようとする右派の意見と、戦前にみられた階級闘争を維持して政治活動を続けようとする左派の意見の相違が、内部抗争を生んだというのである。

Babb（2005）は、こうした革新勢力内に生じた内部抗争や分裂がもたらした政治的影響に注目し、「社会党の得票数減少は、（農地改革による）土地所有権の委譲によるものではなく、共産党と社会党と同党から派生した政党の間における農村票の奪い合いによるものである」（p. 185）と結論づけている。また樋渡（1991）も、「片山連立内閣が社会党優位支配のための安定的基盤を形成する」ことができなかった理由として、片山内閣において平野力三が農相を罷免され、社会党右派で穏健的な農業政策を志向した農村議員の多くが社会党を離党したことで、党内で急進的な左派勢力が影響力を増し、「労働者（赤）と農民（緑）の連携を強めること」に失敗したことを挙げている。つまり北欧諸国で社会民主主義勢力の安定的な支持基盤となった「赤と緑の同盟」が、日本においては形成されなかったことが、農村の保守化につながったというのである。

しかし農民組合と革新政党の内部抗争や分裂に注目する仮説も十分とはいえない。なぜなら後述のように農村における社会党への支持は、革新勢力が混迷していた時期（1940年代後半〜1950年代半ば）そして1950年代後半も増え続けているからである。つまり革新政党の混迷が自動的に農村の保守化を招いたとはいえないのである。これには後述するようにこの当時の保守政党の農業政策の多くが、農村の政策選好とそぐわない内容を含んだものであったという理由もある。そのため保守政党に反感を覚える農家や農業団体も多かった。したがって宮崎（1995）が指摘するように、自民党が農村の支持を拡大し緊密な連携を確立することに失敗して同党が分裂するなどしていれば、社会党と保守勢力の一部との連立が再び起こった可能性も否定はできない（p. 179）。ではなぜ保守政党と農村の連携が可能になったのか、そしてそれはどのタイミングであったのか？

▶ 農協による政治動員（1950年代半ば、あるいは1960年代前半）

政党と農村が緊密に連携するためには、両者のパイプ役となる組織が不可欠である。例えば、戦前期に政友会と地主層の連携を可能としたのは、全国に点在する地主層を組織化し、意見集約の場となった帝国農会であった。また革新政党と小作農に関しては、農民組合が同様の役割を果たしていた。戦後に農地改革が施行されて中小規模の農家に均質化された農村でも、農民組合が農村の利益代表団体となる可能性はあった。実際に、1946年2月に日農が再結成されると129万人の組合員を集めるまでに拡大し、農村と革新政党の連携を深め、革新政党が農村に支持基盤を確立するかと思われた。しかし日農は内部抗争や分裂を繰り返し、効果的に農家を組織化することが困難な状態になっていた。またドーア（1965）が指摘するように、1940年代後半における日農の最も重要な活動目標は、農地改革が正しく遂行されるかどうかを監視することであったが、農地改革終了後には「組合の役目を果たしてしまったので、組合のできる仕事の範囲は、全国的な運動を力強く支えていくにはあまりにも狭小なものとなってしまった」（p. 412）。

だが自作農体制が確立した後も農家の経済的利益を守り、政府の農業政策に農家の意見を反映させるべく政治活動をおこなう組織が引き続き必要とされた。そしてそのニーズに応えたのは、農協であった。「鉄の三角同盟論」にあるように、農政トライアングルの下で農協は農村における利益代表団体・政治動員組織として機能し、自民党と農家の連携を維持・強化する役割を果たした。

となれば、農村と保守政党の連携が確立したタイミングは、農協が農村全体の利益代表団体として機能するようになった時点であると考えられる。しかし農協は発足当初から政治動員組織として機能していたわけではない。農協がそうした機能を発揮するようになるには、さらなる農協自体の組織的発展と農協を取り巻くいくつかの政治的環境の変化が不可欠であった。ではそれらの変化とは何か？　そしてなぜそのような変化が起きたのか？　以下では、農協が発足した1948年から1965年までの期間を、前節で取り上げた先行研究の仮説に基づいて4つ（1948～51年；1952～55年；1956～60年；1961～65年）に分割して、農協と保守政党が緊密に連携するようになった背景とそのタイミングを探る。

4 ▸ 農政活動と農業政策

▸ 1948～1951年

1948年から1951年ごろにかけては、まだ日農が効果的に中小農・小作農を組織していた。さらに設立間もない農協の多くは経済不況と放漫経営のあおりを受けて深刻な経営不振に陥っており、農政活動にも支障をきたしていた。また後に農協の政治運動の司令塔として重要な役割を果たした全国農業協同組合中央会（全中）も、まだ存在していなかった。さらにこの当時の保守政権の農業政策は農村の経済的利益に反する点が多かったため、農業団体が保守政党に激しく反発することがしばしば生じた。

保守政党と農村の対立が生じたのは、この時期政府与党が農産物価格を抑制する政策をとったことが主な原因であった。政府は鉱工業の復興を最優先する「傾斜生産方式」という政策を1947年から推進し、石炭と鉄鋼の生産に資源や資金を重点的に投入した。そして賃金の上昇を防ぐため、農産物価格を出来る限り低く抑える方針をとっていた。さらに1949年ごろ第二次吉田内閣（民主自由党）は、インフレ抑制を重視するドッジ・ラインに基づく超緊縮予算を堅持することを最優先し、食糧管理体制に関わる支出を縮小させた。そして吉田内閣は「労働者の賃金抑制のために、低米価と食料輸入の増大とを農業政策の柱に据え、さらに、農民への所得税の徴収強化や農業に対する財政投資の削減を行った」（中北 1998, p. 250）。こうした政策を反映して、コメを含む農産物の価格は著しく低く設定されていた。

ここで戦後の米価政策について説明をしておく。1942年に制定された食糧管理法の下でコメは政府の管理・統制下におかれ、戦後もこの食糧管理制度は維持された。同制度では生産されたコメは農家の自家消費分などを除いて、基本的に農協を通じて全量を政府が買い取り、指定された流通経路を通じて配分されていた。コメの価格については、政府が生産者から買い入れる際の価格（生産者米価）と、消費者に売り渡す際の価格（消費者米価）の2つが存在し、両方とも生産費や物価の動向などを考慮して政府が設定していた★6。生産者米価は消費者米価より高く設定されていたため、その差額分は政府が補填する形となっていた（本書では、主に農家と農協の動静に注目するため、単に「米価」とした場合は生産者米価のことを指す。消費者米価について言及する際は、「消費者米価」と記載する）。なお占領期の米価設定にあたっては、経済安定本部の外局となった物価庁がGHQ（経済科学局価格統制課）と調整しつつ政府案を作成し、それを政府が了承するという流れになっていた。

暉峻（2003）は当時の米価について、「占領期には極度に抑制的で収奪的な米価政策が展開されたといわなければならない」と指摘し、「(19) 49年産米については、その生産費すら大きく下回るような生産者米価が農民に押しつけられた」と述べている (p. 141-142)。当時の新聞記事も、「(1949年産米の) 米価が予想よりも低位に決まつた結果農家経済は一段と悪化の方向を予想しなければならない。また低米価維持のための海外食糧の輸入増大、芋類の統制緩和などの自立安定計画にからむ一連の食糧政策から農家経営を大きく圧迫することになる」と低米価政策が農家に与える影響を指摘している (読売新聞 1949年11月16日)。また辻 (1994) も占領期の米価について、「国内・国際いずれの市場価格を下回る水準で推移した」とし、「生産者米価は常にヤミ米価より低く、国際価格よりも2－4割程度低い」としている (p. 183)。

政府の低米価政策に対してコメの供出を拒否する農家が続出し、保守政党と農村の対立が深刻化した。終戦後も主要食糧に対しては戦時期の国家統制が継続しておこなわれ、農家は政府が決定した価格で農産物 (自家消費量を除く全量) を供出することを義務付けられていた。1949年にコメと麦以外の農産物への統制は撤廃 (麦も1952年に撤廃) されたものの、コメの統制はその後も継続された。低価格での供出を渋る農家が続出したことで、コメの供出量は政府の想定を大きく下回る事態が毎年発生した。これに対して政府は、より強権的な供出制度を構築して、割り当てられた供出量に満たない場合は強制的に収用することを可能にした★7。こうした強制的な措置は、GHQの権力をバックにしていたため「ジープ供出」とも呼ばれた★8。また暉峻 (2003) は、この当時の農家に対する税負担の重さについても言及し、「戦前の小作料と同じ重みの負担」であったと指摘している (p. 142)。さらに食糧供給の拡大のために、政府は食糧輸入の拡大を推進したが、この政策は農産物価格のさらなる低迷を招いた。

こうした政府の方針に対して、日農をはじめとする農業団体は強く反発し、社会党や共産党も吉田内閣の農業政策を激しく批判した (中北 1998, p. 250)。ところで、この時期各種の農業団体は「農業復興会議」という枠組みの下で、連携体制を築き協力して農政運動をおこなっていた。農業復興会議は1947年6月に日農の主導によって結成され★9、参加した団体は保守系の農業会（後の農協）と農林中金や、革新系の日農、全国農民組合[★10]など75団体にも上った（p. 46）。同会議の活動目標は「農村の民主化と農業生産力の増強並に食糧の供給確保」とされ、社会党の片山内閣の下では食糧危機対策に積極的に協力した。しかし同時に、同会議は各農業団体の統一行動をともなう強力な利益代表団体としても活動した。特に米価引き上げ要求運動に関しては、農業復興会議の下でこれらの農業団体は合同で統一した米価要求[★11]をおこなった（大川 1988, p. 16）。辻（1994）によると、「この時（注：占領期）の米価運動をリードしたのは、直接に経営危機に見舞われていた系統農協ではなく、農地改革で意気上がる革新系の農民組合である」という（辻 1994, p. 186）。1950年代に入ると、農協系団体による政治運動の重要性が徐々に高まることになったが、革新系の日農や全国農民組合も一定の政治的影響力を維持し続けた。

以上のことから、終戦から1951年ごろにかけての時期には、まだ農協を通じた保守政党と農村との連携は確立していなかったということがわかる。そのため保守政党と農村の政策選好には大きな乖離が存在し、米価や食糧輸入などといった点で、両者の激しい対立が生じた[★12]。これは当時の農業政策が、トップダウンの意思決定によって形成されていたからである。例えば、第二次吉田内閣において首相や閣僚らは、産業復興の優先やドッジ・ラインの維持といった政策目標を基に、低米価政策や食糧輸入の拡大を推進した。こうした意思決定は、農政トライアングルの下でみられたように農業団体からの意見を農林族議員が政策決定に反映させるというようなボトムアップの政策過程とは大きく異なっていた。また農村における政治運動も保守系の農協と革新系の日農などに分散していた。農協はまだ農村全体の利益代表団体として機能しておらず、経営危機の影響で十分な活動ができずにいた。したがって、農村の声が農政に反映されにくい状況であった。

▶ 1952〜1955年

農協の政治動員が本格化して農村と保守政党の連携が確立した時期については、1950年代前半であったとする見方がある。例えば、樋渡（1991）は

「1952－53年頃が保守党と農民の関係における転換点であった」と主張し、「この時期から保守党が農民支持を固め、社会党に対する優位を決定した」とし、「現在に至る保守優位支配の基盤としての農村票の取り込みは、50年代の前半に形成されたということができる」と結論づけている（p. 161）。樋渡がこの時期にすでに農協による政治動員が確立したと考える理由は、農協が「農民利益をほぼ独占的に集約する体制」を築き、さらに保守政党議員だけではなく野党議員も動員することができる「超党派的な動員力をもっていた」と考えるからである（p.162）。そして、吉田内閣が当時導入を目指した食管制度の撤廃や農業補助金の削減などの政策が実現しなかったのは、その証左であるとする（p. 163）。

樋渡の主張に対しては、農政史研究者らから反論があがっている（宮崎1995；庄司1997）。その理由の1つは、1950年代前半にはまだ社会党が農村地域において支持を拡大していたことである。例えば、庄司（1997）は農村における社会党支持率のデータから、1955～60年の時期には農村における社会党への支持率が2割を超え、同党が農村において最も支持を集めた時期であったと指摘する（p. 33）★13。同様に宮崎（1995）も樋渡の主張について、「1950年代の社会党（統一前は特に左派社会党）の支持基盤の拡大と固定化を十分に説明できない」と批判している（p. 159）。

ではここで1948年から1970年代にかけての農村における革新政党の支持率に関するデータをみてみよう。図4.1は農林漁業者の社会党への支持率の推移を示したグラフで、このデータは朝日新聞社による世論調査に基づいている★14。このデータによると、確かに1950年から1961年まで農林漁業者の間で社会党および民社党への支持が拡大しているのがわかる。1950年に12%だった社会党への支持率は、1959年には24%へと倍増している。1960年には社会党への支持が急落しているが、これは社会党議員の一部が離党し、民社党を結成した影響である。同年の社会党と民社党の支持率を合わせると、前年の数値とほぼ同じになっている。ちなみにこの期間の共産党への支持は0～3%の間を推移している。

次に、社会党の得票率の推移をみてみよう。宮崎（2000）が集計した衆議

図4.1 農林漁業者の社会党への支持率（1948～75）／図と図原稿は（1948～70）

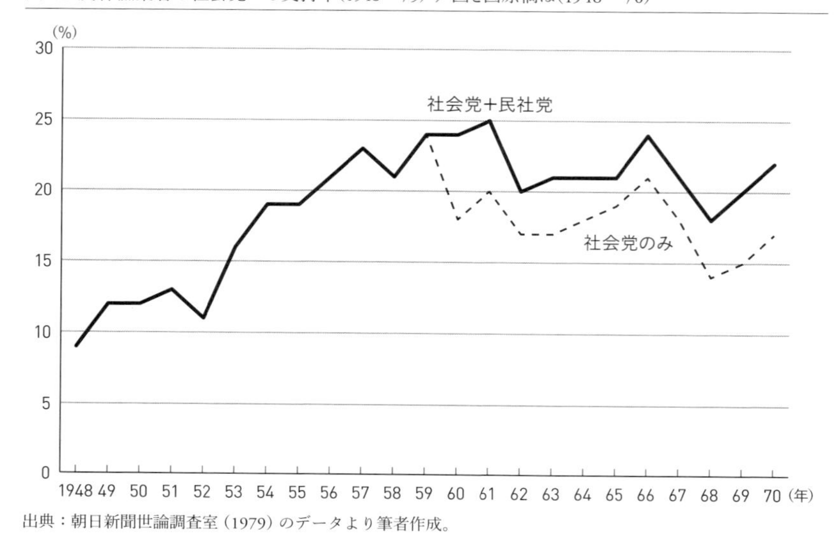

出典：朝日新聞世論調査室（1979）のデータより筆者作成。

院選挙における政党別得票率のデータによると、1953年から1967年にかけて非都市型選挙区においては「60年の第29回総選挙での落ち込みを除き67年の第31回総選挙まで社会党の絶対得票率が伸び続けている」（p. 167-68）。1960年の落ち込みは、上述のように民社党結成の影響である。「仮に民社党の絶対得票率3.8%を社会党の17.7%に加えれば21.5%となって28回選挙の絶対得票率20.8%を優に上回る」（p. 168）。同データによると、非都市型選挙区における社会党の衆院選での得票率は1953年4月には13%程度であったが、1967年1月には21%程度まで伸びている（この1967年の数値も、民社党の値を加えればさらに高いものとなる）。また興味深いことに、石川（1978）によると、1963年以降社会党の全体の得票率は低下したものの、非都市部においては一定の支持を維持していた。その結果として同党は「大都市より非都市での得票率が上回る『農村政党』になってしまった」という（p. 118）。

政党支持率と得票率のデータの分析から、1960年までは農村における革新政党への支持が拡大していたことが示唆される。1950年代前半に保守政党がすでに農協を通じて農村の政治動員を確立していたとすれば、その後革新政党への支持が拡大し続けるとは考えにくい。したがって、こうしたデータは樋渡の主張に疑義を生じさせる。

もう1つ樋渡の主張と矛盾する点としてあげられるのは、1950年代には依然として農村の政策選好と保守政党の政策選好の間に大きな乖離がみられた点である。1951年ごろになると、それまでの緊縮財政政策や朝鮮特需による好景気によって政府の財政状況が改善し、1951～53年にかけて食糧増産対策などの名目で農業予算が大幅に増額された。その結果、農業補助金や土地改良事業への投資などが増加し、多額の公的資金が農村に投入されることとなった。しかし、1953年の朝鮮戦争休戦による急速な景気の冷え込みによって、再び財政支出が切り詰められることとなり、農業予算も大幅に減額された（図4.2を参照）。農業予算が国家予算に占める割合も、1949～53年までは全体の12～16%を占めていたが、その後は8～10%程度に落ち込んだ。1950年代後半の農業予算の大幅な削減をともなう農業政策は、「安上がり農政」と呼ばれた。

中北（2017）によると「朝鮮（戦争）休戦を受けて1954年度に『一兆円予算』が編成されてから、一転して農業に対する補助金の削減が進められた。1953年度予算で（注：政府予算全体の）14.9%をしめた農林関係予算は、1959年度予算では7.5%まで落ち込んだ」が、その背景には「コメをはじめとする農産物の増産が進むとともに、世界的にも食糧需給が好転して輸入が容易になっていたため」であった（p. 188）。安上がり農政は農村経済を冷え込ませ、都市と農村の間そして一般労働者と農家との間の所得格差拡大につながった。こうした農政の展開もまた、保守政党と農村との連携がこの時点では確立していなかったことを示唆する。もし樋渡が指摘するように、農協が「超党派的」な動員力を持っていたのであれば、政府は農家の利益を拡大するような政策を積極的に立案・推進していたはずであり、農家の経済利益を損ねるような安上がり農政を推進した理由が説明できない。

1950年代半ばから後半にかけても保守政党が主導する政府は、農村あるいは農協の利益に反する政策を推進し、農協の反対を招くことがあった。第

図4.2 農業予算の推移／図原稿は農林水産予算の推移

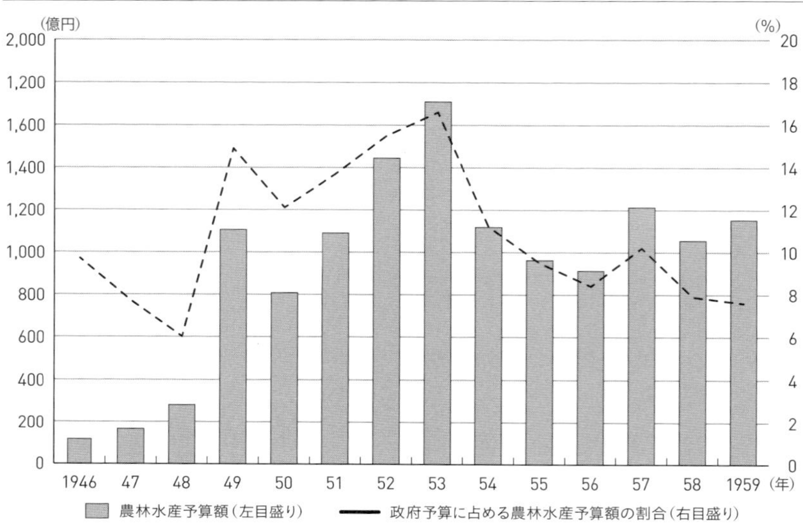

出典：北出 2001, p.47のデータより筆者作成。

一に食糧輸入政策の継続である。前述のように、この政策は吉田内閣の下で導入されたものであったが、その後も政府は同政策を維持した。特に農村経済に影響が大きかったのは、1954年にアメリカと締結した相互防衛援助(MSA)協定であった。同協定に基づいて、海外軍事援助事業として大量の小麦・とうもろこし・大豆などがアメリカから安価で輸入されることとなり、それは「MSA恐慌とよばれる価格低下をもたらし、」「畑作物の全般的な価格問題」が発生した(太田原 2007, p. 37)。農業団体の反対を受けて、政府は農産物価格安定法に基づいて芋類や大豆などに補給金を給付するなどの対応をとったが、その後もアメリカからの食糧輸入を制限することはなかった。第二に1950年代後半の米価政策についても、農業団体からの強い引き上げ要求にもかかわらず、政府は抑制的な価格設定を継続した★15。政府が米価を抑制し続けたのは、食糧管理体制の運営に対する予算である「食糧管理特別会計(食管会計)」が、「50年代に入り53年からは政府買入価格が政府売渡価格を上回る」ようになったことで、毎年巨額の赤字を計上していたからであった（北出2001, p. 46）。例えば、1958年度の生産者米価は前年据え置きだったにもかかわらず、食管会計に108億円の損益を出す結果となっていた（p. 47）。この時期の米価政策とその決定過程については、下で詳しく検証する。

さらに政府はコメの統制解除を模索した。戦時期に設けられた農産物の統制は、占領下で徐々に解除され、1952年に麦が自由化されたことで、コメ以外の統制は廃止されていた。政府はさらにコメの統制を撤廃することで、食糧管理体制を維持するための負担を大幅に軽減し、市場価格を引き上げることで生産者の意欲を高め、コメの増産につながると考えたのである。1951年の政府試算によると、「統制撤廃すれば米価は上昇し、内地精米で大蔵省試算では28%、農林省試算では24%上昇するとされていた」（北出2001, p. 47）。こうした試算を受けて1951年11月に吉田内閣は、コメの統制を翌年から撤廃する政府案を発表した★16。ところがGHQのドッジが撤廃に反対したことで統制が継続され、加えて1953年のコメの生産が凶作であったため、統制撤廃論は一旦沈静化した（小倉1965, p. 38）。

しかしその後も統制撤廃論は、保守政党の幹部から度々提言された。例えば、1955年10月の参議院農林水産委員会において当時の河野一郎農相は、「一気に統制撤廃をやるべきだというようなことには私は軽々に賛成はできない」としながらも、「食生活の安定感を得て、その上で統制撤廃の必要があれば統制撤廃をすべきであるし」、「いつでもやればやれるように準備はしておく必要があるだろう」と撤廃に前向きな姿勢を示した★17。また周東英雄（元農相）は1955年11月の自民党結成直後に「食糧管理制度がしかれているにもかかわらずヤミが公然の秘密みたいになって、食管制度は破壊されている形だ」とし、無制限な統制撤廃は考えていないとしながらも、「間接統制」といった形に変えていく必要があると述べている（吉田2012, p. 23）。

農協は食管制度においてコメの集荷をほぼ独占しており、その手数料・保管料は農協にとって重要な収入源であり、農家が受け取るコメの代金は農協系金融機関にとって重要な預金の源泉であった。そのため農協は政府の統制撤廃策に対して猛烈に反発した。例えば、1955年12月14日に全中は全国農協中央大会を開催し、コメの統制撤廃反対を決議した。その決議には、「米穀統制の撤廃は需給、価格が不安定となり国民生活に重大な影響があるので反対であり現行の予約制度の継続をすべきである」とされていた（読売新聞1955年12月15日）。また同時期に保守政党の幹部が提案した農業団体再編成についても、農協が激しい反発したのは第3章で述べたとおりである。

1950年代にも保守政党と農村の対立が続いたのはなぜか？　それは、1950年代の農協はまだ保守政党と農村とのパイプ役としての役割を十分に果たしておらず、保守政党側にも農村の声を吸い上げて政策に反映する組織体制がなかったからである。当時の農協は経済的・政治的に難しい問題を抱えており、農政運動に注力する余裕がなかった。この点については第3章の内容とやや重複するが、前章では使わなかった資料を基にもう一度検証したい。

庄司（1997）によると「1950年代前半の時期はまだ、経営的に苦境に陥り、行政の経済支援を必要とするような農協組織が多かった」（p. 28）ため、農協が積極的に政治活動をおこなうことは難しい状況であった。経済的な苦境にあえいでいた農協は、さらに農業団体再編成問題という政治的な危機にも直面する。『農林水産省百年史』は、「農協は団体問題を戦いながら自らの経営再建に努めなければならなかった」と当時の農協の困難な状況に言及している★18。また吉田（2012）は、農業団体再編成問題が農政運動にもたらした影響について、「農業団体も（自民）党も米価運動のエネルギーが団体再編成の問題に削がれていたのだった」と述べている（p. 19）。さらに空井（1991）によると、この時期の農協の内部には「生産指導や農政活動などの『不採算部門』を分離して、農協は経済団体として組合経営の合理化に徹すべき」とする意見があり、こうした見解は「経営純化論」と呼ばれ、一部の農協幹部★19からも提唱されていた（p.272）。そのため農協が農政活動に対して消極的であるという印象が、農業関係者の間に深く浸透していたという。農協の消極的姿勢について、当時の農政記者は「圧力団体としての農協は危機に立っている」とか、「下の方に経営主義という大きな荷物を下げている以上、やはり圧力団体としては限界がある」と評していたという（p. 272）。

とはいえ、この時期に農協が政治活動に全く従事していなかったわけではない。政府が模索したコメの統制撤廃や農業団体再編成といった政策に対して大規模な反対運動を展開し、こうした政策の実現を阻止することには成功した。農協の政治活動が政府・自民党が模索した一部の政策の撤回につながったことは、当時農協が一定の影響力を持った圧力団体として機能していたことを示すものである。しかし同時に自民党と農家の政策選好の間に大きな乖離が存在していたことは、両者の連携が確立していなかったことを示唆している。

▸ 1956～1960年

この点を明らかにするためには、1950年代後半における自民党と農協との米価をめぐる駆け引き（いわゆる「米価闘争」）を詳しくみてみる必要がある。コメは多くの農家の主要生産物であり、米価は農家の収入を左右する重要な要因であるため、農家は生産者米価の引き上げを求めて政治的な運動に参加する。その意味で米価の変動は、農政運動の成果を示す重要なバロメーターの1つであるといえる。この時期、農協や日農などの農業団体は米価の引き上げを要求し、前者は主に自民党に、後者は主に社会党に陳情を重ねていた。しかしこうした米価引き上げ要求運動の成果は乏しかった。図4.3からわかるように、1950年代後半の米価は停滞し、1956年のように前年より引き下げられることさえあった。1956～60年の間に米価はわずか3.3％（年平均0.66％）しか引き上げられなかった。この期間の物価上昇率は1.52％であったため、実質的な米価の上昇率は約1.8％（年平均0.35％）であった★[20]。他方で1961年から1965年の間の米価上昇率が48.2％（年平均9.64％）だったことと比較すると極めて対照的である。同時期の物価上昇率を差し引いた値は、42.2％（年平均8.4％）であった。

ここで1958年の米価闘争を事例としてみてみよう。この時期の米価の決定過程は、農林省と大蔵省の調整を通じて政府原案を作り、それを基に自民党と調整して政府案を作成して、同案を米価審議会★[21]で審議し、米審の答申を受けて政府が生産者米価と消費者米価を決定する流れとなっていた。

図4.3 米価変動率（1956～1965）

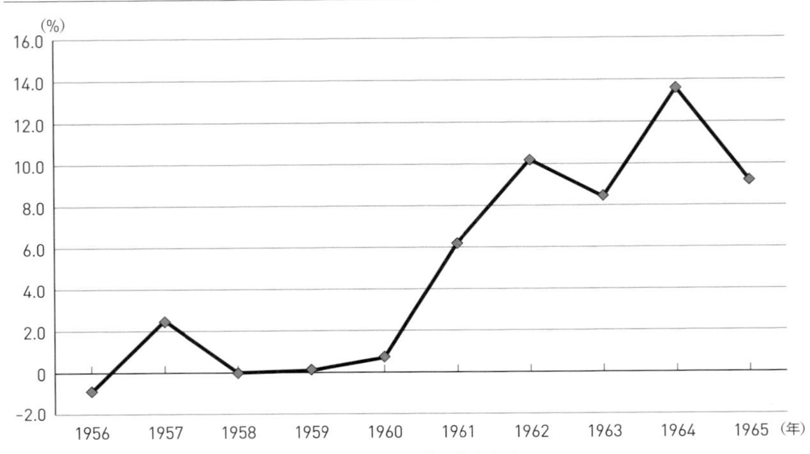

出典：食糧庁『平成5年 米価に関する資料』のデータを基に筆者作成。

前年度（1957年）の生産者米価は1石（玄米150kg）あたり1万322円50銭で、前々年度から252.5円（2.5%）引き上げられていた。この米価引き上げに対しては、消費者団体や婦人団体からの批判の声が上がった。そのため農林省と大蔵省は、1958年産米の生産者米価を前年度から157.5円引き下げた1万166円とする政府原案を提示した。しかし農業団体は政府原案が低すぎると反発し、1958年6月に全中が生産者米価を1万1480円に引き上げることを要求する声明を発表した（毎日新聞1958年6月24日）。

自民党では米価特別委員会を設置して米価についての審議をおこなった。その後政府と自民党幹部との会合では、生産者米価・消費者米価ともに前年度と同額にする政府案を米価審議会に諮問することで決定した。この決定は、三浦一雄農相・佐藤栄作蔵相・福田赳夫政調会長が協議して下されたものであったという（吉田 2012, p. 36）。これに対して農業団体から政府関係者に米価引き上げを求める圧力が高まり、「農民代表が農林省の玄関前に座り込みを続け」たり、米価審議会の会場となった都道府県会館には「農民がなだれ込んで騒然となった」り（吉田 2012, p. 36）、三浦農相が全日本農民組合連合会（全日農）の代表との懇談で監禁される事態が発生した（読売新聞1958年6月28日夕刊）。全日農は、分裂していた農民組合（日農や全国農民組合など）を統合して、1958年に結成された左派系の農業団体である。

農民組合がこのような激しい運動を展開していた一方で、農協の動きはさほど積極的ではなかった。辻（1994）によると、当時の農協は数十名の役員が陳情行動をおこなう程度であったという。また農協は「事実上の倒産状態から組織の再建整備を食管制度に軸に進める過程にあり、食管制度の堅持やパルクライン方式★22の採用が要求の中心であり、要求価格の達成には後年ほど力点が置かれていなかった。それは、米価審議会を中心とした農民組合の激しい攻勢にすっかりかすんでしまったほどである」という（p.250）。農民組合の激しい反発にもかかわらず、米価審議会は政府案を了承する答申を出し、これを受けて米価は前年据え置きと閣議決定された。そして翌1959年も米価は前年比0.1％増、1960年も前年比0.7％増と極めて抑制された水準で推移した。

この事例からわかることは、1950年代の農協は圧力団体として活動してはいたが、政府与党に与える影響は限定的で、自民党内の米価に関する決定過程も、党幹部が強い影響力を持つトップダウン型であったということである。辻（1994）によると、「この時期に与党において米価決定を担った政治家は、広川弘禅、河野一郎などの農相経験者か、周東英雄、重政誠之、笹本茂太郎、三浦一雄などの農林省OBに限られて」いたという（p. 250）。当時食管会計は毎年赤字を計上しており、こうした有力議員は米価の上昇を抑制して政府の支出を抑えることを重視していた。こうした政策決定過程では、農協と深い関係を持った議員が米価政策に大きな影響を与えるという余地はなかった。また保守政党への働きかけに成果を上げられない不満から、農協系を含む農業団体の間で既存政党とは一線を画した新しい農民政党の結成を模索する動きもあったことからも、当時の保守政党と農村の距離感がうかがえる（空井 2000）。

1950年代後半における農協は、政府の農業政策に対して大規模な反対運動を展開することで、一部の政策（コメ統制撤廃や団体再編成など）を撤回あるいは修正させるだけの影響力はあったと考えられる。すなわち農協は、「拒否権プレーヤー★23」としての役割は果たしていたといえる。だがそうした反対運動は農協が単独でおこなったのではなく、農民組合など他の農業団体も同様に反対した結果であったため、農協の政治的影響力を過大評価してはならない。そして農産物輸入政策の継続やコメ以外の統制が撤廃されたことを考えると、農協の拒否権プレーヤーとしての機能も限定的であったといえる。また自分たちの利益を拡大させるような政策を自民党政権に積極的に推進させるほどの政策提言能力は、この時期の農協にはなかったと考えられる。その意味では農協はまだ「政策提言プレーヤー」としては、ほとんど機能していなかったといえる。

▶ 1961～1965年

では農協および農村と自民党との連携が確立したのは、いつだったのか？　樋渡に否定的な研究者らが指摘するのは、1960年代初めというタイミングである。庄司（1997）によると「自民党と農民の関係における転換点は、昭和30年代後半（筆者注：1961～65年）であった。この時期、農民の政党不支持率が下がった。それに見合って、自民党支持は固まり、農村が自民党の地盤化（農民支持率が6割を超える）する起点となっている。社会党はそれと全く対照的であった。農民支持の頭打ちとその後1970年代以降の後退へと」つながった（p. 33）という。同様に空井（2000）も、「1961年を境に農協の農民利益表出状況は一変した。すなわち従来から農協がその農政活動の中心に位置づけていた生産者米価引上げ要求運動が、同年以降著しく積極化したのである」と指摘し（p. 275）、「農協・自民党間の提携関係の緊密化」について「1961年から62年にかけて急速に進んだ」と結論づけている（p. 284）。

1960年代初めに何が起きたのか？　何が農村と自民党の連携を可能にしたのか、そしてそれはどのようにして起こったのか？　これらの問いに対する答えを探るには、1961年に起きた農業基本法の制定過程とその帰結について詳細に分析する必要があるが、これについては章を改めて議論をおこないたい。

5▸ 小括

1940年代後半に農地改革が遂行されたことで、ほとんどの農家が土地持ち小規模自作農となったが、農村が直ちに保守化したわけではなかった。1950年代から60年代にかけて農村においては革新政党と農民組合が農家からの一定の支持を維持していた。しかし革新政党と農民組合は、内部抗争や分裂を繰り返し、支持を大きく拡大することはできずにいた。一方で1954年には農協の中枢機関である全中が設立され、全中の主導の下で農村の政治動員をおこなう体制は整った。だが深刻な経営危機に直面し、団体再編成の圧力に晒されていた農協は、まだ効果的な農政運動を展開する余裕がなかった。そして保守政党の幹部や農林省は、農村あるいは農協の利益に反する政策（例えば、米価抑制やコメの統制撤廃や団体再編成など）を志向しており、政府の政策も彼らの意向を反映したものが推進されていた。こうしたことから保守政党と農村との関係は1950年代にはまだ緊密に連携してはいない状態であった。

自民党と農村の連携が強固なものとなったのは、1960年代初めから半ばにかけて自民党内で分権的な意思決定システムが構築されたことで、農林議員が台頭して農協の政治動員が確立した結果であった。そして農村が自民党の盤石な支持基盤として機能を始め、自民党の農林議員が農村の利益を代表して、政府・党幹部に対して保護主義的な農業政策を要求するようになった。その後、政府の政策も彼らの要請を反映した内容に変容していった。こうして両者の間に利益誘導関係が生まれ、農政トライアングルが機能し始めるようになったのである。次章では、1961年の農業基本法制定とその後の米価闘争の検証を通じて、自民党の農林議員と農協が緊密に連携するようになった過程を追跡する。

註

★1――厚生労働省HP「各種統計調査」：https://www.mhlw.go.jp/toukei/itiran/roudou/roushi/kiso/14/dl/hyo01.pdf

★2――同方針が打ち出されたのは、第二次農地改革法案の閣議決定からわずか1カ月後の1946年9月のことであった。

★3――ドーアの調査はサンプル数が少ない限定的なものではあるが、当時の農村の政党支持傾向を知る上で貴重な資料である。

★4――また日農もこうした事情から、片山内閣に対して第三次農地改革の実施要求を保留していた（中北1998, p. 47）。

★5――保守勢力（特に吉田茂）と関係の深い平野を危険視したGS（GHQ 民政局）が、片山首相に平野の追放を要求したという（樋渡1991, p. 153；中北 1998, p. 126）。

★6――この「二重米価」と呼ばれる仕組みは、1952年に導入されたものである。

★7――強制的な供出の法的根拠となったのは、1946年2月に発令された食糧緊急措置令と1948年7月に制定された食糧確保臨時措置法であった。

★8――供出にあたっては、供出に協力的な場合には各種報奨金を出すといった措置もとられたが、そうした報酬金を含めても米価は市場価格を下回っていた（辻 1994, p. 183）。

★9――農業復興会議が結成されたのは、1947年2月に産業界において労使協力組織として「経済復興会議」が結成されたことに同調したものであった。

★10――全国農民組合が結成されたのはこの1カ月後であり、農業復興会議結成時は「全国農民組合準備会」であった。

★11――例えば、1948年9月17日に「農復・日農・全国農民組合・農青連は『米価に関する共同声明』を発し、統一要求4,200円を明らかにした」（大川 1988, p. 16）。

★12――土地改良政策などで農民の利益につながる政策（補助金など）もあったが、それらも農村の利益拡大のために打ち出されたものではなく、党幹部の政策目標（食糧増産）を実現させるためのものだった。

★13――さらに保守諸党の支持率は1953年に6割を超えたものの、「またすぐ5割台前半に低下している」（庄司1997, p. 31）。また庄司は1952～55年にかけて農家の保守党支持が上昇した理由は、「実は調査の質問形式の変更によるものである」と説明し、「樋渡氏は統計を見る際単純なミスを犯したか、故意にこれを無視したと言える」と指摘している（p. 29）。

★14――同調査では、世論調査を複数回実施した年と一度のみの年がある。図4.1では、複数回調査がおこなわれた年は、その年におこなわれた最後のデータのみを抽出した。例えば、4月・6月・11月のデータがある場合は、11月のデータのみを記載している。

★15――占領行政下ではGHQ（経済科学局価格統制課）と経済安定本部物価庁が米価の決定を主導していた。占領終了後は農林省と大蔵省が調整し政府案を決定し、同案を米価審議会に諮り、最終的に閣議で決定するという流れになっていた。

★16――読売新聞1951年10月4日。広川農相は1950年11月26日の衆議院本会議で統制撤廃の計画について問われて、「米麦の統制の問題を最後にお尋ねでありましたが、先ほど申し上げた通り、漸次統制をはずす方向において進んで行きたいと考えておるような次第でございます」と明言している。
国会会議録検索システム：https://kokkai.ndl.go.jp/#/detail?minId=100905254X00519501126&spkNum=8

★17——国会会議録検索システム：https://kokkai.ndl.go.jp/simple/detail?minId=102215007X00819551006&spkNum=24#s24

★18——『農林水産省百年史』編集委員会 1979, 下巻, p. 37.

★19——経営純化論を唱えた人物には、1958年に全中理事に就任した一楽照雄などがいた。

★20——消費者物価指数のデータはe-Statウェブサイトを参照。https://www.e-stat.go.jp/stat-search/files?page=1&toukei=00200573&tstat=000001150147

★21——米審は1949年に農林省の諮問機関として設立された審議会で、その委員は生産者代表、消費者代表、与党代表、野党代表、中立委員（学識経験者など）といった様々な立場の代表者から構成されていた（中村2000, p. 26）。米審の設置は「民主的な米価決定方式」を求めた農業団体の要求によるものであったが、それまで米審の答申が政府の米価決定に反映されることはほとんどなかった。

★22——バルクライン方式は米価算定方式の1つで、コメ生産費の回収と所得の補償を可能にすることを目標として米価を決定する方法であった。当時は物価の変動を考慮して米価を決定する「パリティ方式」が採用されていた。

★23——拒否権プレーヤーとは、政府などが既存の政策を変更するためには同意を得なければならない存在を指す。言い換えれば、政策変更を拒否するために十分な影響力を持った存在と言える。

第5章

農業基本法と農林議員の台頭
――保守政党と農村の連携(2)

1960年まで政府は米価抑制や補助金削減などといった農村の利益にそぐわない政策を推進し、自民党と農村の連携は確立していなかった。しかし1960年代に入ると農村と自民党の農林議員★1との間に利益誘導関係が形成され、不完全な形ではあるが遂に農政トライアングルが機能し始めることとなる。1958年ごろにようやく経営危機を脱した農協は、全中の強力な指導の下で中央集権化を進め、全国的な活動を展開できる体制を整えつつあった。そして米価引き上げや農業補助金の拡大などといった政策の要求を強めた。1960年代には農協の農政運動はさらに拡大して激しさを増し、新しい活動戦略を取り入れたことでより効果的に政治動員をおこない、その影響力は政府・自民党も無視することが難しくなる。

自民党内では、依然として抑制的な農業政策を志向する党幹部と、農家への支援拡大を要求する農林議員との間で意見の対立がみられた。農林議員は農協との連携を深め、農家と農協の利益を代表して活発にそして時に過激な活動をおこない、次第に閣僚や党幹部の決定を覆すほどの影響力を持つようになった。その結果として、1961年から68年にかけて急激に米価が高騰し、農業補助金の額も拡大した。また同時に、農村における自民党への支持も定着していった。こうしたことから農村と自民党の連携は、いまだ党幹部とのつながりを欠いていたという意味では不完全な形ではあったが、この時期に確立したとみることができる。

では1960年代に農業政策決定過程に変化が生じたのはなぜか。農林議員と農協の緊密な連携はどのようにして生まれたのだろう。これらの問いに答える重要なカギとなるのは、1961年に制定された「農業基本法」である。この時期の日本経済は高度成長期に入り、産業労働者の収入が急激に伸びた一方で、農業従事者の収入は伸び悩んでいた。こうした情勢の下で農業政策の長期的な目標や方針を定めるべく制定されたのが農業基本法であった。同法が制定されると、「農工間の所得均衡」が農業政策の目標として掲げられることとなり、それは農家の収入を増加させる名目で農産物(特にコメ)価格の引き上げを要求する農協や農林議員の主張を正当化させる論拠となった。そしてそれが政策決定過程に重大な変化をもたらすこととなる。本章では農業基本法の制定とその影響に注目しながら、自民党の農林議員と農村の連携が確立した背景を探る。

1▸ 農業基本法

▸農業基本法制定のきっかけ

農業基本法は1961年に制定された法律で、日本政府の農業政策の長期的目標や基本理念を提示し、その重要性から「農政の憲法★2」とも称された。そして同法に基づいた政策が推進された期間の農業行政は、「基本法農政」と呼ばれるようになった。まずはそれほどに大きな影響を日本農業と農政にもたらした同法が制定された時代背景についてみてみよう。

戦災によるインフラの破壊や人的被害、そして戦後の深刻な物資不足や食糧危機などといった数多の困難を克服して、日本は1950年代半ばには経済復興を成し遂げた。そして重化学工業や製造業などの分野における生産・投資・輸出の急激な拡大が、日本経済の高度成長を可能にした。それにともなって産業分野における雇用も急増し、農村部の若者が都市部に集団就職する光景が頻繁にみられるようになった。産業労働者の賃金も年々上昇し、都市部における生活水準の向上も顕著であった。

それまでの増産政策の結果、食糧供給体制は大幅に改善して、コメの生産量も1955年には戦前の水準を超え、食糧危機の不安は払拭された（北出 2001, p. 38）。しかし高度成長の恩恵を受けて都市部や工業地帯が急速に発展していた一方で、農村部の経済は伸び悩み、農家の収入も停滞していた。その結果、産業分野と農業分野の所得格差が大きく広がることとなった。1957年に自民党が発表した「新政策大綱」は、当時の経済発展の結果1955年から翌年にかけて国民所得は約14%も上昇したものの、「その内訳をみると、農林水産の第1次産業はわずかに2.4%しか伸びておらず、鉱工等の第2次産業が20.5%、商業等の第3次産業が14.1%という飛躍的な上昇を示している」として拡大する所得格差に警鐘を鳴らしていた（吉田 2012, p. 25）。

また都市部への人口移動の結果として、1950年に1610万人いた農業就業者は、1960年には1313万人にまで減少し、農村では「若年労働力の不足問題が深刻化した」（暉峻 2003, p. 165-168）。さらに都市化と収入増にともなって日本人の食生活も「洋風化」が進み、コメの需要が頭打ちになる一方で、小麦・肉類・乳製品・果実などの需要が拡大し、これらの農産物（および家畜の飼料）の輸入が増加していた。

こうした情勢の変化に直面して、農政関係者の間では日本農業が「曲がり角」にさしかかって、従来の食糧増産政策が袋小路に陥っているという認識が広まった。1957年に公表された『昭和32年度 農林白書』には、日本農業の課題として「①農家所得の低さ、②食糧供給力の低さ、③国際競争力の弱さ、④兼業化の進行、⑤農業就業構造の劣弱化」をあげて、これらの問題への対応の必要性を指摘した。そして「今後の農業発展、農民の経済的地位の向上は、農業の生産性の向上を基礎としないかぎり、将来に明るい展望はない」と喚起を促した（『農林水産省百年史』編集委員会 1979, 下巻, p. 126）。

1958年になると、農業政策の基本となる法律の制定を要望する声が各所からあがった。まず全国農業会議所が「農業基本立法制定促進に関する要望」を全国農業会議所臨時総会において決議すると、その後は自民党政調会農林部会が「農業基本法の構想」を、そして社会党が「農業基本法要綱草案」を発表して、農業基本法の制定を要求した（同上, p. 219）。こうした要求が出てきた背景には、当時西ヨーロッパ諸国において同様の法律が立案・制定されていたことがあった。なかでも1955年に西ドイツで制定された「農業法」が、国会議員や農業関係者の注目を集め、日本国内で出された基本法の構想や試案の基になった。西ドイツの農業法は、政府が農業の現状を国会に報告することを義務付け、政府がとるべき施策をまとめた計画を作成し、それを遂行するための資金を予算に計上することを定めた法律であった(同上, p. 220)。つまり正確な現状把握に基づいて長期計画を作成し、計画的な農業政策の立案をおこない、必要な資金を確保して着実に政策を遂行するという内容であった。

だが各種団体や政党が農業基本法の制定を要求した背景には、様々な思惑があった。まず全国農業会議所は、「新法とそれに伴う新たな農業政策において、農業会議所や農業委員会が重要な役割を担い、その組織の拡充を狙う」ことを企図していた(川口 2022, p. 4)。つまり本書第3章で取り上げた農業団体再編成の際と同様に、全国農業会議所は同法の制定を農協との勢力争いに利用し、全国農業会議所とその下部組織である農業委員会の政治的影響力の拡大を実現することを目指していたのである。

次に政党の思惑であるが、農林省における農業基本法の立案において主導的役割を果たした小倉武一★3(元農林事務次官)によると、国会議員が農業基本法の制定を求めた背景には、戦後復興が終了し「このままでは農林予算が減るのではないかというような問題意識」があったという(『農林水産省百年史』編集委員会 1979, 下巻, p. 794)。実際に西ドイツにおいても、農業法制定後に農業予算が急増したこともあり(同上, p. 220)、それを知った議員らが「日本でもそういうアイディアを輸入して、そういう法律を作ったらどうかということをいい出したのが、ことの起こり」であったという(同上, p. 794)。そして政党などは、同法が「あたらしい予算確保のためのスローガン」をもたらすことを期待していたという(小倉 1965, p. 52)。要するに自民党の農林議員や社会党は、農業予算の拡大につながる政策を遂行することで、農村部の選挙区において支持拡大を図ろうとしていたのである。

ここで重要な点は、農協が当初農業基本法の制定に賛成していなかった点である。前述の小倉は、当時を振り返って「農協系統組織は農業基本法の制定に関しては比較的冷淡であった」と述べている（小倉1965, p. 52）。さらに川口（2022）によると、1958年の段階で農協は農業基本法に対して公式の見解を表明しておらず、同法に盛り込まれることが予想された農地の規模拡大を目指す構造改革をともなう新政策を警戒していたという。なぜなら農協は、構造改革が小規模農家の「切り捨て」につながると考えていたからである。それは「農協グループの構成員は多くが戦後の農地改革によって誕生した小農であったため」で、「その構成員の利益を保護するためには合理的な判断であった」と川口は指摘している（川口 2022, p. 7）。そしてその後の立案過程においても、農林省の政策案に対して反対表明や修正要求をおこなった。農協が農業基本法の制定に後ろ向きであったにもかかわらず同法の制定が進められたことから、やはり農政トライアングルはこの時点ではまだ機能していなかったことが改めて確認できる。

▶「農業の基本問題と基本対策」

農業基本法の立案にあたって、政府は首相の諮問機関として「農林漁業基本問題調査会」を立ち上げ、広く各界から意見を募るために、委員として学識経験者・農業関係者・財界・マスコミなど各界の代表を集めた★4。しかし政治的な思惑を排除するために、国会議員は委員に含まれなかった。同調査会は1959年7月から翌年5月まで9回の総会を重ね、「農業の基本問題と基本対策」を採択し首相に答申した。

「農業の基本問題と基本対策」は、農業の基本問題として「農業者の他産業従事者に対する生活水準ないし所得の不均衡」を指摘し、その要因に「①農業の生産性の低さ、②交易条件、価格条件の不利、③雇用条件の制約等」をあげた。そしてその対策として「所得の均衡、生産性の向上、構造の改善といった三本柱の方向づけ」を示した（『農林水産省百年史』編集委員会 1979, 下巻, p. 223-224）。そしてこの三本柱に対応する、所得政策・生産政策・構造政策のあり方について具体的な提言をおこなった。

第一に、所得政策については、農産物価格の安定や流通の合理化を通じて農業所得の確保を図り、農工所得の均衡を図ることが示された。同調査会で

「他産業従事者との所得均衡」が農政の目標として掲げられたことには、極めて重要な意味があった。従来の農政においては農家の絶対的な所得水準の向上が目標とされており、他分野との比較という相対的な視点は重要視されていなかった。農工間の所得均衡が目標となったことで、産業労働者の所得が伸びれば伸びるほど、農家の所得も拡大させる必要が生まれたのである。上述のように、この政策目標は政党や農業団体からの政治的要求を反映していた。しかし同時に、「安易に価格政策に所得政策としての機能を期待することを戒め、各種農産物の需給均衡に配慮すべき」(同上, p. 224) としている点も、特筆に値する。つまり単純に農産物価格を引き上げることで、農家の所得向上を図るといったことをすべきではないと釘を刺しているのである。また零細農家などは所得均衡の対象とはせず、「自立経営」が可能な農家に限定されていた (北出 2001, p. 78)。これらの点は、政治的圧力に対して農林省が予防線として追加していたものであった。

第二に生産政策では、「単なる増産主義を戒め、生産政策目標は主として生産性の向上にあるべき」(『農林水産省百年史』編集委員会 1979, 下巻, p. 225) として、従来の食糧増産政策からの転換を促し、生産性に注目した政策を推奨している。またこれまでの米麦中心の生産から脱却し、今後需要が増えると見込まれる作物 (肉類・乳製品・果物など) の増産に注力する方針を示した。この方針は「選択的拡大」として提示され、農業基本法の基本理念の1つとなった。最後に構造政策については、農業の生産性向上と産業としての自立を重要視し、各農家の「自立経営」を可能にするべく農地の規模拡大を目指すべきであるとされた。規模拡大にあたっては、産業分野における労働力不足も考慮して、農業から他産業への労働者の移動を促進し、農家の数を減らすことで農地の集約・規模拡大の実現を図っていた。

「農業の基本問題と基本対策」はこれまでの農政とは一線を画し、大胆な政策転換を提言する画期的な答申であった。その新規性は以下のような点にあった。まず同答申には一貫して市場原理に基づいた「経済合理主義」の理念があった。所得政策について、農産物価格の暴落を防ぐための対策の必要性を指摘しつつも、農業収入を上げるために価格を引き上げるのではなく、市場における需給を考慮するよう主張している。これは、これまでコメの豊作・不作にかかわらず米価引き上げを要求してきた農業団体や農林議員を牽制する提言であった。そして農業収入を高める方策として、政府の市場介入ではなく、生産性の向上や合理化を中心としている点でも市場原理に則した方策であった。また選択的拡大の理念も、今後コメの需要が頭打ちになり、他の農産物の需給が高まるという市場予想を考慮したものであった。

さらに同答申は日本農業の根本的な変革を促している。まず食文化の洋風化にともなって需要が増えると見込まれた肉類・乳製品・果物などに注力するという選択的拡大の方針は、古来の米麦に偏重した農業からの脱却を目指す画期的なものであった。また同様に日本農業の特徴であり、農地法によってさらに固定化されていた農業経営の零細性を克服すべく、農地規模拡大を唱えた点も注目される。新しい農業の担い手として提示された「自立経営農家」という概念は、「2～3人の成人男子労働力がほぼ完全に就業できる規模で1.5～2.0町（ha）未満より大なる規模」（北出 2001, p. 79）と規定されていた。政府の保護に依存することなく安定した経営をおこなうには、この程度の規模が必要と考えられ、自立した農家を増やしていくことを目指すべきとされた★5。最後に、構造政策の目標として「農業の生産性を向上し、これを産業的に確立する視点」が重要視されているが、これは農業を必要以上に特別視せず、「農業を以て産業の1つであるとする同質観」に立つという考え方に基づいていた（『農林水産省百年史』編集委員会 1979, 下巻, p. 226）。農業の特殊性という観点は、保護政策を正当化するために戦前から使われてきたが（佐々田 2018）、同答申はこうした風潮を否定するものであった。

しかし農林漁業基本問題調査会のメンバーの全員がこうした理念を共有していたわけではない。例えば、同調査会所得部会の部会長を務めた東畑四郎（元農林省事務次官）は、「短期的には所得を支持するための価格政策は必要なんだ」と主張し、石井英之助（全販連会長・元食糧管理局長）も同様の主張をしていたという（『農林水産省百年史』編集委員会 1979, 下巻, p. 814）。また当時全中会長の荷見安（元農林省事務次官）は、調査会においては「ほとんど発言していな」かったという（同上, p. 816）。他方で、元農林官僚の批判的な態度に対して、小倉武一が主導した現役の農林省官僚の間では「農業者の所得均衡を謳う以上は、それだけ生産性を上げるとか、構造問題を取り上げなきゃいかんというふうな考え方」に「思想統一」されていたという（同上, p. 799）。こうした意見の対立には、農林官僚の世代間のギャップがみてとれる。

同答申が掲げた市場志向型の農業理念は、「経済合理主義」と呼ばれた。やや脱線するが、こうした理念は戦前にも一部の農林官僚によって提唱されていた。大正期の農林官僚の農政観に大きな影響を与えた柳田国男は、農家の自立経営や収益性向上を最重要視し、「農地規模適正化」の重要性を主張していた（佐々田 2018, pp. 118-125）。また、その妨げとなる兼業農家の増加を危惧し、彼らに他産業への転出を促すことを主張した（p. 122）。さらに「農業の特殊性の否定」についても、柳田は農業と他の産業と間に本質的な違いはないと考えていた（p. 135）。このように同答申と柳田の農業理念には、多くの類似点がみられる。柳田が提示した理念のうち市場志向型の部分は、戦前の石黒農政とその思想的基盤となった小農論では重要視されず、後回しにされていた。

農林官僚の政策理念は、戦前の農林省を主導した石黒忠篤や小平権一から、終戦直後の和田博雄や東畑四郎らに、さらにその後の小倉武一らにも受け継がれていた。その重点は時代の趨勢によって変化したが、根幹となる部分は絶えず農林官僚の中に存在していたと考えられる。例えば、小倉は農業基本法の立案当時農林省では、「零細耕作の構造が農業の生産性の上昇と、そしてまた所得の増大に大きな支障になり」、「農業部門と非農業部門の生産性と所得の格差にもあらわれている」とする問題認識があり、「明治以来揺らがなかった零細耕作の根本的な改革」が必要だと考えられていたと述べている（小倉 1965, p. 51）。また農林省原案で重視された離農促進を通じた規模拡大や省力化・機械化・多角経営などによる経営改善といった政策は、正に柳田が主張した点と相通じるものであった。したがって農業基本法の制定にあたって農林省は、柳田の農業理念に通底する政策理念に基づいて、農業政策のさらなる進化を企図していたといえる。

▶ 農業基本法案をめぐる論争と軌道修正

この政策提言に基づいて、農林省は1960年10月に農業基本法原案を作成した。同案は農地保有制限の一部撤廃や農業生産法人の農地所有の承認や農業経営の共同化推進や離農促進策などを含む画期的なものであった。同案について読売新聞は、「一律的な農業保護対策、生産対策、自作農主義につらぬかれたいままでの農政に対しおおきな転換を示すものである」と評価していた（読売新聞1960年10月6日）。

しかしこの原案に対しては、各方面から異論が提示された。まず社会党は、零細農家の離農を促進し自立経営農家を中心に規模拡大を図る構造政策を、貧農の「切り捨て」であると激しく批判した。この背景には、1960年9月に就任したばかりの池田勇人首相が「10年間で農民を3分の1に減らす」と発言したことがあった（辻 1994, p. 271）。社会党は農業経営の共同化や計画経済システムの導入を理想としていたため、家族経営を基本とした自立経営や市場原理に基づいた経済合理主義といった概念にも否定的であった。衆議院農林水産委員会の公聴会において社会党が公述人として推薦した中村廸（全日農中央常任委員）は、「農業所得向上のためには価格政策が大きな柱だ。しかし政府案にみられる価格政策は、いまの食管法に比較して大きく後退している」と政府案を批判した（読売新聞1961年4月20日）。同じく社会党が推薦した大島清（法政大学教授）も、「農産物価格は放置しておくと低下する傾向がある。したがって農家の生産費を補償する規定が絶対に必要であり、ここにも政府案の大きな欠点がある」と述べた（同上）。こうした観点に基づいて、社会党は独自の法案を国会に提出した。

次に、農協も農林省の法案に対して反対する姿勢を表明した。川口（2022）によると、農協の懸念材料は規模拡大を目指す構造政策や、選択的拡大の方針、市場原理に基づく経済合理主義の理念、そして価格支持政策に対する消極姿勢といった点であった（川口 2022, p. 8）。同法案は農業の特殊性を特別視せず、他の産業と同様に自立した成長を促し、将来的に価格支持や補助金といった保護政策に依存しない農業を目指していたが、こうした方針は農協にとって好ましいものではなかった。農地局長や水産庁長官などを務めた元農林官僚の大和田啓気は、農協が構造政策の目標であった自立経営農家という概念に否定的であった点について「それは農協の『共存同栄』の思想のせいでしょう。自立経営の育成というのは、農協の肌に合わないんですよ」と述べている（『農林水産省百年史』編集委員会 1979, 下巻, p. 817）。つまり農協は規模の大小や専業・兼業にかかわらず全ての農家を保護していく体制を望んでいたというのである。端的に言うと、離農促進策は農協組合員数の減少につながるため、農協にとって好ましいものではなかったのである。農業基本法案に対して全中の一楽照雄常任理事は、衆議院農林水産委員会の公聴会において「農業問題を経済合理主義だけ考えてはいけない。他産業が発達すればするほど農業には手厚い保護が必要だ」と政府法案に批判的な意見を述べた（読売新聞1961年4月20日）。

さらに農協は様々な修正要求を提示し、「農業の主体性や自給度の向上、地域差への配慮や農業所得の確保を明記し、価格支持政策を維持するよう求め、『共同化』を重視し、審議会から財界メンバーをなるべく排除し農業関係者に限定しようとするなど、小農を中心とする既存の農業の生産構造を破壊しないような措置を求めていた」（川口 2022, p. 10）。こうした農協の要求のなかでも法案に対して「価格支持に代わるべき施策」を推進する方針の削除や、「とくに諸条件の不利な地域についての制約の補正」の追加や、構造改善事業の見直しなどを求めた点（同上, p. 8-9）は、上述の「農業の基本問題と基本対策」が提示した経済合理主義の理念を全面的に否定するような要求であった。

一方で自民党は農業基本法案を検討するため、1959年2月党内に農林漁業基本政策調査会を設置した。農林省の法案が発表されると、同調査会が政府と自民党との調整の場となった。そして自民党からの要求を受け、法案に修正が加えられることとなったが、その主な点は以下の通りである。第一に、基本法の意義を明確にするために前文を付加した。第二に、農業総生産の増大を生産政策の目標の1つとして加えた。第三に、価格政策を通じて農業の不利を補正すること。第四に、構造政策に関して家族経営を基本とすること。第五に、農業基本法の施行に必要な予算確保を義務づけ、必要な措置を講じるようにしたこと（『農林水産省百年史』編集委員会 1979, 下巻, p. 237）。これらの修正は農協やその構成員（主に小農）の利益に即した内容であり、後述するように「農業の基本問題と基本対策」の新規性を無効化するものであった。にもかかわらず政府・農林省はこれらの修正要求を受け入れ、修正された法案が国会に提出された。そして同法は1961年6月に施行されることとなった。

▶ 農業基本法の帰結

日本の高度経済成長をきっかけとして発生した農業の新しい課題に対応すべく制定された農業基本法は、その後どのような結果をもたらしたのだろうか。農林漁業基本問題調査会は経済合理主義の理念に基づいた施策を提言し、従来の農政からの脱却を訴え、農林省もその方針に沿った立案を目指した。しかし同法案は与野党および農協の介入によって、様々な軌道修正を余儀なくされた。その結果、農業基本法は当初の理念と矛盾する内容を含むものとなり、むしろ政府がより積極的に保護主義的な政策を推進せざるをえない状況を生み出してしまった。ここでは農業基本法の内容を検証しつつ、なぜ農林漁業基本問題調査会や農林省が思い描いた理想とは全く逆の結果がもたらされたのかといった点について議論をおこなう。

まず政府と自民党の協議の結果、付加された農業基本法の前文をみてみよう。この前文は同法の目標を明らかにするためのものであったが、そこには「経済の著しい発展に伴なつて農業と他産業との間において生産性及び従事者の生活水準の格差が拡大しつつある。他方、農産物の消費構造にも変化が生じ、また、他産業への労働力の移動の現象が見られる」と日本農業を取り巻く情勢が説明されている。そして「このような事態に対処して、農業の自然的経済的社会的制約による不利を補正し、農業従事者の自由な意志と創意工夫を尊重しつつ、農業の近代化と合理化を図つて、農業従事者が他の国民各層と均衡する健康で文化的な生活を営むことができるようにすること」は、「われら国民の責務に属するものである★6」と規定している。

この前文の重要点は、農業従事者と他産業の従事者との収入を均衡させることと、農業の「不利」を補正することを農業基本法の目標として明記したことにある。そして続く第1条にも同様に、「農業の自然的経済的社会的制約による不利を補正し、他産業との生産性の格差が是正されるように農業の生産性が向上すること及び農業従事者が所得を増大して他産業従事者と均衡する生活を営むことを期することができることを目途として、農業の発展と農業従事者の地位の向上を図る」ことを政策の目標とすると重ねて規定された。他産業従事者との所得均衡については、農林漁業基本問題調査会においても是認された点ではあるが、それが同法の主要目的として強調されたことで、後述するように同法が後に農林議員や農協によって米価の大幅引き上げといった保護政策を正当化する根拠として利用されることにつながった。また農業の不利を補正するという点は、市場原理に基づいた合理化を進め、他産業と同様に農業が自立化することを標榜した経済合理主義の理念と完全に矛盾する内容であった。

そして、同法第2条には国がとるべき施策として次の8点が規定されている。

1. 需要が増加する農産物の生産の増進、需要が減少する農産物の生産の転換、外国産農産物と競争関係にある農産物の生産の合理化等農業生産の選択的拡大を図ること。
2. 土地及び水の農業上の有効利用及び開発並びに農業技術の向上によつて農業の生産性の向上及び農業総生産の増大を図ること。
3. 農業経営の規模の拡大、農地の集団化、家畜の導入、機械化その他農地保有の合理化及び農業経営の近代化（以下「農業構造の改善」と総称する）を図ること。
4. 農産物の流通の合理化、加工の増進及び需要の増進を図ること。
5. 農業の生産条件、交易条件等に関する不利を補正するように農産物の価格の安定及び農業所得の確保を図ること。
6. 農業資材の生産及び流通の合理化並びに価格の安定を図ること。
7. 近代的な農業経営を担当するのにふさわしい者の養成及び確保を

図り、あわせて農業従事者及びその家族がその希望及び能力に従つて適当な職業に就くことができるようにすること。

8. 農村における交通、衛生、文化等の環境の整備、生活改善、婦人労働の合理化等により農業従事者の福祉の向上を図ること。

これらのほとんどは、選択的拡大や生産・流通の合理化や構造改善といった経済合理主義の理念に基づいた施策であった。しかし第5項は価格政策を通じて農業の不利の補正し、農業所得の確保をすることを政府に義務付けており、自民党の農林議員と農協の修正要求を反映したものであった。上述のように農林漁業基本問題調査会と農林省は、「価格支持に代わるべき施策」として生産性向上や合理化の促進を想定していたのであるが、第2条第5項の規定により価格支持を回避することは難しくなった。また同法第21条には、「国は、農業生産の基盤の整備及び開発、環境の整備、農業経営の近代化のための施設の導入等農業構造の改善に関し必要な事業が総合的に行なわれるように指導、助成を行なう等必要な施策を講ずるものとする」と規定された。これらによって政府は農工間の所得格差を解消するために、農産物の価格調整や補助金制度などを通じて積極的に市場に介入し、保護主義的な政策を推進せざるを得なくなった。

農業基本法のこうした条項とその後の展開は、農林省の当初の思惑とは真逆の結果をもたらした。第一に、生産性向上と合理化を基盤とした所得政策については、同法第2条第5項の影響でその基本方針が曖昧になってしまった。同法に含まれた所得格差の均衡という方針は、農林議員や農協に農産物価格の引き上げを正当化する口実として利用されることとなり、主に価格支持を通じて農家の所得を向上させようとする短絡的な所得政策となってしまった。その結果として、1961〜1968年にかけて生産者米価が急騰する事態を招き、選択的拡大や離農促進といった政策の妨げともなった。この点について当時の読売新聞の社説は、1961年の米価大幅引き上げは「所得格差是正にその足場を求めたのだが、この結果は米作収入の大幅増加となり、過剰気味の米麦に生産を集中させた」と指摘している（読売新聞1962年6月10日）。

農業基本法の立案を農林省で主導した小倉武一も、当時を振り返って「食糧管理法は米価の支持という役割を果たすものに変質したのである。こうして、米価の支持、したがって米作偏重をもたらす管理制度は、基本法の選択的拡大の主旨と矛盾すると言われ出したのである」と述べている（小倉 1965, p. 57）。

第二に、生産政策に関しては、生産性の向上を目的として農業の機械化が進められ、トラクターやコンバインといった農業機械の導入や、大型の精米工場や共同育苗施設などの建設が進められた。こうした事業に対して、政府は農業改良資金や農業近代化資金や農林漁業金融公庫資金などを通じて積極的に支援をおこなった。その結果として、農業の機械化が急速に進み、「農作業における投下労働時間はめざましい減少を示す」（『農林水産省百年史』編集委員会 1979, 下巻, p. 246）など大きな成果が生まれた。しかし後述するように、機械化は農家の兼業化を促進することとなり、農地の大規模化を妨げた。また選択的拡大の方針に基づいて畜産・果樹作が振興されて生産量が拡大したものの、数年後には畜産物や果物などが供給過剰状態になり、価格が下落して、政府は生産・価格調整を余儀なくされた。また畜産施設や果樹園などに多額の資金を投入した農家の間には、経済的困窮に直面するものも多かった（辻 1994, p. 274）。

第三に、農地の規模拡大を目指した構造政策については、一部を除いて想定した成果は得られなかった。1996年に公表された農水省の報告書によると、「北海道においては、全ての農業部門において経営規模の拡大が進んだ★7」としながらも、「都府県においては、施設型農業については規模拡大が進んだものの、稲作等の経営規模の拡大は大きく立ち遅れた」という。そのため「自立経営の広範な育成は実現しなかった」と総括されている。構造政策の実施にあたっては、農業基本法第21条に基づいて、農地の集約や区画整理や農業基盤の整備などを目的として多額の資金が投入された。例えば、農業基盤整備費の額は1961年から1965年にかけて「毎年前年対比5ないし22パーセントの伸びを示した」（『農林水産省百年史』編集委員会 1979, 下巻, p. 244）、その他にも、土地改良事業や農地開発改良事業などにも大規模な投資がおこなわれた。しかし農林省幹部の回想によると、こうした事業は「およそ『構造改善』とはいえない、何か別の補助事業みたい」になってしまい（同上, p. 817）、こうした事業が農地の流動化や規模拡大を促進する効果は限定的であった。

農家の経営規模が拡大しなかった最大の理由は、この時期に急速に進展した農業の兼業化であった。生産政策によって機械化・省力化が進み、農家の労働時間が減ったことで、農業以外の職を兼業しつつ農業経営（特に米作）をおこなう農家が増えた。1960年に65.7%だった兼業農家の割合は、1965年には78.5%に、さらに1970年には84.4%まで増加した。そして兼業による収入の方が多く、零細規模経営が多い第二種兼業農家の割合は、1970年には全体の50.7%にも上った（暉峻 2003, p. 187）。こうした背景について田中（1999）は、「機械化の進展によって、農家が家族労働で耕作＝経営しうる規模は著しく拡大した。いいかえれば、自作農の規模ないし範囲が拡大したのであるが、機械化はまた兼業農家の農作業をも容易にした」と指摘している。そして農地の流動化が起こらなかった背景についても、「兼業収入がある程度安定していればあえて農地を手放す必要はない」ためであり、さらに経済成長にともなって農地価格が上昇したことが「農地の資産的保有の傾向を強めた」と説明している（p. 55）。

農業基本法の構造政策は、農業から他産業への労働人口の移動を促進して、就農人口を6割程度減らすことで農地の規模拡大を目指していた。しかし兼業化によって離農人口が増えなかったことで、農地の流動化・集約は進まなかった。この急速な兼業化は、農林官僚にとって大きな誤算であった。農林省幹部の回想にも、「まさかこんなに農業技術が発達するとは全然考えていなかった」（『農林水産省百年史』編集委員会 1979, 下巻, p. 806）とか、「日本の農家の半分くらいは自立経営農家にできるのではないか」と考えていたとか、「兼業化がこれほど進むとはまったく予想できなかった」（同上, p. 807）と当時の心境が語られている★[8]。機械化・省力化が進んだ結果、他産業で就労して収入を得ながら、零細な農地を耕作して農業を続ける兼業農家が増えたことで、規模拡大による生産性向上を目指した構造政策は行き詰まった。しかし皮肉なことに兼業によって農村部住民の総所得が拡大し、農村部と都市部の所得格差は改善されることとなった（農林水産省 1996）。

農業基本法は機械化や土地改良などを通じて農業の合理化・生産性向上に一定の効果があったものの、当初掲げられていた経済合理主義の理念が骨抜きにされたこともあり、「結果的には、十分な農業所得の確保や国内農生産物の国際競争力の強化には必ずしも結び付かなかった」（農林水産省 1996）。そして離農促進や農地規模拡大に失敗したため、日本農業の従来からの弱点である零細性を克服することはできなかった。また農業収入を増やすために価格支持政策が適用されるようになったことで、一部の農産物（特にコメ）の生産意欲が必要以上に刺激され、1967年以降の慢性的な供給過剰につながった。

2▸ 米価闘争 1960〜1967年

日本農業に多大な影響をもたらした農業基本法であったが、同法は農村と自民党の関係にも決定的な影響を与えた。ここでは、農業基本法制定後に農村と自民党の農林議員がいつ・どのようにして緊密に連携した農政運動をおこなうようになったのか、1960〜1968年にかけての米価闘争を通じて検証する。本書が米価決定過程に注目する理由については前章でも触れたが、コメが多くの農家の主要生産物であり、その価格は農家の収入を左右する重要な要因だからである。1955年の時点でコメを商品生産していた農家は、全体の80.7%（1960年には79.0%）と高い割合を占めていた★9。また1960年の農業産出額の47%は稲作によるものであった（暉峻 2003, p. 180）。ゆえに農村からの米価引き上げ要求が、政府が決定する生産者米価にどれほど反映されるかは、農政運動の成果を示す重要なバロメーターの1つであるといえる。

結論を先取りすると、農村と自民党の農林議員が協力して政府・党幹部に圧力をかけ、米価引き上げを実現させるという農政トライアングル特有の米価決定過程が形成されたのは、農業基本法が制定された1961年のことであった。この年以降の米価決定過程では、原案作成段階から自民党が関与することで、党の影響が拡大し、それにともなって政府(農林省・大蔵省および閣僚)の立場が弱体化した。また自民党の内部では、農協と関係の深い農林議員らが団結して、強硬に米価引き上げを要求し、党幹部がこうした声を制御できなくなり、事態を収拾するために何度も譲歩を余儀なくされて、米価が大幅に引き上げられることが頻繁に発生するようになった。その結果、下からの積み上げを反映したボトムアップ方式の米価決定がおこなわれ、据え置きが続いた1950年代後半とは対照的に、1961年以降の米価は毎年大幅な上昇を続けたのである。

▶ 1960年

1961年の変化がいかに劇的であったという点を明らかにするために、比較対象としてまず1960年のケースを簡潔にみてみよう。1958年に始まった岩戸景気の影響で、実質経済成長率は12.1%の伸びを示し、農産物を含む物価も上昇しつつあった。コメは4年連続の豊作が続いており、この年も豊作が見込まれたが、農協は1石(玄米150kg)あたり1万1400円(前年の米価から1067円増)を要求して自民党と農林議員に働きかけをおこなった。しかし農林省は1960年産米の価格を前年比+61円の1万394円とする案を提示した。その後大蔵省と農林省の折衝で前年比+22円の1万355円に下方修正され、これが政府原案となった。これに対して自民党は農産物価格対策委員会(および同小委員会)で協議をおこなった。同委員会は、政府が算出した米価に対して「農協など農業団体の要求しているものとまだ大分開きがあ」る(読売新聞1960年7月8日)などとして政府原案を拒否した。しかし最終的には、1万400円以上の米価と政府原案の全般的な再検討を要求するにとどまった(辻1994, p. 243)。

その後、政府と自民党幹部が協議した結果、1万405円を政府案とすることで合意に至った。政府案の諮問を受けた米価審議会は、「政府案は不満足」という内容の答申を出した★10(毎日新聞 1960年7月16日)。しかし政府案は修正されることなく、そのまま閣議で決定された。そのため米価の引き上げ幅は前年比72円(0.7%)増と低調で、この年のインフレ率(3.6%)を考慮すると実質的には引き下げに等しい厳しい内容であった。この過程では米価の大幅引き上げを求める農協と農林議員からの圧力があり、政府原案をやや修正することとなったが、財政規律を重視した閣僚と党幹部によって5年連続の抑制的な米価に落ち着いた。その意味では、これまで同様トップダウン方式の米価決定過程であった。

しかしこの年の米価決定過程では、1つ重要な変化が生じていた。それは米価審議会が、米価算定方式に関して従来の「所得パリティ方式」に代えて、「生産費・所得補償方式」という新しい方法を全面採用することを決定したことであった。所得パリティ方式は物価の変動を考慮して米価を算定する方法であったが、生産費・所得補償方式はその年のコメの生産条件と物価と（都市労働者の）賃金水準を反映して米価を算定する方法である★11。同方式の導入には、当時制定過程にあった農業基本法が「農工間の所得均衡」を理念として掲げていたことが影響していた。また「59年から全国的に昂揚を示してきた『60年安保闘争』が農村にも波及する兆しをみせたことが、それまではこの方式の導入を拒否し続けてきた政府に対し譲歩せしめたという事情がある」という指摘もある（食糧政策研究会1987, p. 22）。いずれにせよ生産費・所得補償方式が導入されたことによって、米価の算定方法に所得均衡という一面が加えられることとなり、その後の急激な米価引き上げの一因となった。

▸ 1961年

1961年は日本農政にとって重大な転換点となった。同年6月に農業基本法が制定されて「基本法農政」が始まったことに加えて、農村と自民党農林議員の連携が確立し、農政トライアングルが遂に機能し始めたのである。そしてそれは、農協の政治行動や農林議員と党幹部の関係などといった様々な要素が、大きく変化したことによって生じた現象であった。

日本経済は同年12月まで続いた岩戸景気の最中にあり、前年12月には池田内閣が所得倍増計画をスタートさせ、今後ますますの経済成長が見込まれていた。こうした情勢を受けて、農協は1万1914円（前年の米価から1509円増）

という強気の米価要求を提示した。この年から農協は米価引き上げ要求運動における戦略を大きく転換させ、その影響力を著しく強化することに成功した。まず全中は「従来の農協役員中心の陳情運動を改めて、大衆動員方式の激しい要求運動を展開した」(辻 1994, p. 279)。そして同年6月に農協関係者3000名を集めて「要求米価実現全国農業協同組合代表者会議」を日比谷公会堂で開催して新橋まで大々的なデモ行進をおこなった(読売新聞1961年6月22日夕刊)。さらに「約3,000人の組合員農家を動員して各地区毎に分かれて米価審議会会場や自民党本部に大挙しておしかけ、陳情を繰り返した」(辻 1994, p. 279)。こうした陳情活動は「波状陳情」と呼ばれ、全日農が盛んにおこなっていた手法であった(読売新聞1961年6月22日夕刊)。農協は大衆動員方式に加えて、「供米ストライキ」戦略を採用し、政府が農協の要求を受け入れない場合は、コメの供出を拒否する姿勢を示して強力な圧力をかけた。食管制度の運営を農協に依存してきた政府・農林省にとって、この圧力は決して無視できないものであった。辻(1994)はこうした変化について、「今日に至る米価運動の原型がこの1961年に誕生した」と評している(p. 279)

一方で自民党幹部は大きなジレンマに直面していた。「物価・賃金の値上がりムード」と高まる農協からの圧力によって生産者米価の引き上げは避けられないとする一方で、食管会計赤字が339億円に膨らんでおり、さらに米価を引き上げることで「農基法実施の見地から助成しようとしている果樹栽培や牧畜などへの農業転換をさまたげることになる」ことが危惧されていた(読売新聞1961年5月29日)。食管会計赤字を削減するには消費者米価を引き上げるという対策もあったが、都市部の有権者への配慮と物価上昇につながる恐れから、それもできないという苦しい情勢だった。党幹部の当初の意向は、例年通り政府と党幹部で米価協議を主導して、生産者米価を前年比+300円程度の1万700円前後で決着させるというものであった(同上)。

しかし農協と農林議員らの激しい反発が予想されたため、党幹部は米価問題の審議をこれまでの農産物価格対策特別委員会から、総務会に新たに設置した臨時機関である「米価問題懇談会」およびその小委員会でおこなうことに決定した。同懇談会のメンバーは、会長の赤城宗徳(元農相)をはじめ閣僚経験者など農政と財政に精通した党の重鎮で構成されていた。同調査会では農林省と農業団体の両方から意見を聞き、「両者の調整的立場にたって」米価の試算をおこなうことが期待されていた（読売新聞1961年6月26日）。また農協の立場を代弁して大幅引き上げを要求する若手農林議員を牽制したいという思惑もあったという（辻 1994, p. 280）。これに対抗して農林議員は「有志両院議員総会」を開き、周東英雄農相と赤城米価懇談会会長を呼んで協議をおこない、「米価は党政調・総務会のほか両院議員総会の了承を得て政府案を決める」ことを決議し、特別加算金などを含めて1万1400円程度の米価を要望した（読売新聞1961年7月10日夕刊）。

農林議員らが大幅値上げを要求した理由について、読売新聞は「農基法発足に伴って『農民所得の確保は米価から』という“倍増ムード”が拍車をかけたためである。このような背景が農民団体の党に対する強い圧力となり、さらに党の政府への強硬な要求となったものである」と解説している（読売新聞 1961年7月10日夕刊）。同様に毎日新聞も、「農業従事者と他産業従事者の生活の均衡を約束した農業基本法などは、高米価の要求を支える有力なテコである」として、同法制定の影響を指摘している（毎日新聞 1961年6月20日）。さらに農林省の元幹部は、「基本法が出来た直後の自民党の農林部会で、平野三郎さんが、所得倍増計画ができた、10年で所得は倍だ、だから米価は一割ずつあげなきゃいかんという趣旨の発言をされた。多くの人が自然にそういうふうに受け取ったのではないですか」と当時の雰囲気を回想している（『農林水産省百年史』編集委員会 1979, 下巻, p. 816）。こうした農業基本法と所得倍増計画を口実とした高米価要求に流される形で、最終的に自民党は1万1000円の米価を求めていく方針となった。

米価引き上げの圧力が高まるなか、自民党幹部と調整をおこないながら農林省と大蔵省が協議した結果、7月8日に1万707.5円（前年比302.5円増）とする政府原案が提示された。しかし自民党米価懇談会はこれに不服として受け入れず、その後提示された政府第二次原案（1万926.5円）、政府第三案（1万998.5円）に対しても反対した。7月10日に政府代表（周東農相・水田三喜男蔵相・大平正芳官房長官）と党代表（益谷秀次幹事長・保利茂総務会長・赤城米価懇談会会長ら）

が協議して、1万1002.5円を政府案とすることで、双方が一旦合意した。しかし同日開かれた党の総務会・政調審議会合同会議で、農林議員らから反対意見が上がり★12、さらに50円の引き上げを要求することとなり、その後再度政府と自民党幹部が協議した結果、1万1052.5円(前年比647.5円、6.2%増)を政府案とすることとなった。

同案は米価審議会に諮問されたが、ここでも米価のさらなる引き上げを主張する生産者委員と、抑制的な「合理的米価」を求める学識経験者と消費者委員の間で激論が交わされた。そして同審議会は7月17日に高すぎる・低すぎるという両方の意見を併記し、「政府買い入れ価格は不適当」とする答申を出した。さらに米価審議会会長を含めて7名の学識経験者委員が、「政治的配慮が強すぎ審議に限界を感じた」などの理由で辞任する事態となった(読売新聞1961年7月17日)。「不適当」とする米審の答申と混乱にもかかわらず、翌日開かれた閣議において政府案通り決定され、ようやくこの年の米価闘争は幕を閉じた。

1961年の米価闘争では、これまではみられなかったほどの決定過程の混乱と新しい行動パターンが出現し、これ以降の年においても繰り返され定着するようになる。そしてそれらは農政トライアングルの特徴ともいえる利益誘導構造を形成するものであった。この年に発生した変化をまとめると、以下の通りである。第一に、農協はそれまでの幹部による陳情活動から、数万人単位の組合員を集結した大規模な大衆動員方式の運動をおこなうようになった。またコメの集荷のボイコットを示唆して政府に圧力をかける供米ストライキ戦略を採用した。こうした新しい活動戦略は、政府や自民党に対する農協の影響力を拡大させた。

第二に、米価決定過程における政府・党幹部・農林議員の間の力関係が大きく変化した。混乱を恐れた党幹部は、農林省と大蔵省による政府原案の作成にも干渉するようになり、米価決定過程が党主導で進められ、省庁の影響力が弱体化することとなった。当時の毎日新聞は、「農業団体にだけ筋を通し、与党のむりじいはなんでものんで、注文どおりの米価をはじき出すだけの行政府」として、弱腰の農林省・大蔵省を批判している(毎日新聞1961年7

月11日)。そして自民党においては農協の陳情を受けた農林議員が活動を活発化させ、両院議員総会を利用して党幹部に対して効果的に圧力をかける戦略をとるようになった。党幹部は、米価の協議を臨時機関(米価問題懇談会)でおこなうことで、若手の農林議員の干渉を制限しようとしたが、最終決定には両院議員総会の了承が必要になったことで、農林議員の意向を無視することが出来なくなった。そのため閣僚と党幹部で一度合意した内容を、総務会・政調審議会合同会議でひっくり返すというかつてない事態が生じた。

第三に、生産費・所得補償方式が採用されたことで、政治的圧力を受けて恣意的に米価を設定することが容易になった。なぜなら同方式で使われた「コメの生産費用」などの算定要素の計算法は、非常に複雑であったが厳格には規定されておらず、「算定要素の運用変更を通じて米価を政策的に算定」することも可能であったからである(北出 1986, p. 49)★13。当時の新聞記事にも、生産費・所得補償方式の問題として「米価を注文によってはどのようにでもはじき出すこと」(毎日新聞1961年7月11日)と指摘されており、同方法が「米価引き上げ要因となっている」と批判されていた(毎日新聞1961年6月20日)。また同方法はコメの市場状況については考慮していなかったため、コメが供給過剰になっても米価を抑制する効果はなかった★14。そのためその後、古米の在庫と食管会計の赤字が増え続けても、米価の高騰に歯止めがからなかった。ちなみに同方式は1995年に食管法が廃止されるまで使われ、米価が政治問題化する一因となっていた。

最後に、当初の立案意図に反して、農業基本法が保護政策を肯定する根拠として利用される傾向が生まれた。本来同法は農家の経営基盤を強化して、政府の支援に依存しない「自立経営農家」を育成することを目的とする経済合理主義に基づいた政策のはずであった。しかし「農工間の所得均衡」の部分が拡大解釈され、価格支持や補助金制度などといった政策を通じて、農家所得を増加させよという要求が高まった★15。また農業基本法施行とほぼ同じタイミングで所得倍増計画がスタートしたことによって、農家の所得も10年間で倍増させることが当然視されてしまった。そして合理化や生産性向上によって長期的に農業収入を上げるのではなく、米価を毎年引き上げて短期的に所得拡大を図るという流れが生まれたのだった。

▶ 1962年

1962年は物価上昇と製造業における賃上げという情勢★16から、さらなる米価引き上げを要求する声が予想された。また7月に参議院選挙を控えていたことから、自民党幹部は難しい米価協議になることを当初から覚悟していた。

昨年の米価闘争で前年比6.2%の引き上げを勝ち取った農協と農林議員は、この年もさらに活発な引き上げ要求運動を展開した。そしてその運動には、前年に大きな成果を生み出した政治運動や交渉の戦略が踏襲されていた。農協は「公共料金、諸物価、労賃の値上げから、米の生産原価が上昇するのは当然である」として大幅な米価引き上げを主張し、生産費・所得補償方式の維持も要求した(読売新聞1962年4月17日)。そしてこの年の要求米価を1万2768円(前年米価から2432.5円増)とし、その他加算金等についても要求していく方針を固めた(読売新聞1962年6月9日)。当時、農協は全国農業会議所と合同で米価要求運動をおこなっており、こうした方針も両団体の合議で決められた。農協は7月に要求米価実現全国農業協同組合代表者会議を昨年同様開催し、この年の参加者は約1万人にまで膨れ上がった。また全日農はこれとは別に運動しており、農協・全国農業会議所を上回る1万4600円の米価要求額を提示していた。

こうした農業団体の要求に、マスコミは批判的意見な反応を示した。読売新聞の社説は「過大な農業団体の米価要求」と題して、「年々の生産者米価の値上げと、増大する食管赤字が、食糧統制のあり方そのものを、根底からゆさぶっている」と指摘した。そして農業団体の米価要求が、「過剰気味の米麦に生産を集中させた」とし、さらなる値上げは「農業基本法の趣旨をふみにじることになる」と警鐘を鳴らした(読売新聞1962年6月10日)。

農業団体の要求に対して、政府は当初米価を据え置きにする方針であった。前年9月に再び農相に就任した河野一郎は、「消費者米価の値上げはできないとして、生産者米価の現行据え置きをもくろんだ」(吉田 2012, p. 78)。

そして米価審議会から生産者側委員を外し、具体的な米価は諮問せず、審議内容も非公開とするなど、値上げ圧力を抑制してトップダウンの決定を図ろうとした。だが「米価審議会、党側の意見を聞きつつ政府が『自主的に』決定する」（読売新聞1962年7月13日）という河野農相の計画に対して、党の内外から強い反発が生じたため軌道修正を余儀なくされた。そして河野農相は「昨年の上げ幅程度ではおさまるまいし、農民が満足するような上げ幅を考えている」と値上げ容認に傾いた（読売新聞1962年6月12日）。

自民党は前年同様に米価問題懇談会を設置し、党の長老であった松村謙三（元農相）を会長に指名した。そして「昨年より若手を中心に15人多い35人が委員に選出された」（辻 1994, p. 288）。同懇談会では、700～1000円の生産者米価引き上げと消費者米価の据え置きを要求する方針を決定した。その後、農林省と大蔵省は協議の結果、生産者米価を1万2004円（前年比＋951.5円）とする政府原案を提示した。

昨年の上げ幅を大幅に上回る政府原案であったが、自民党の農林議員はこれを不服としてさらなる引き上げを要求した。農協と緊密な関係を持っていた自民党議員133名は、「米価対策有志議員懇談会」を開き、「農協中央会が決定した1万2768円を支持する」ことを確認した（読売新聞 1962年7月7日）。さらに農林議員らが昨年同様に開催しようとした有志両院議員総会は、党の正式な両院議員総会として開催されることになり、約百名の議員と党三役を交えて議論が交わされた。その結果「米価決定に際しては物価差を極力圧縮し、かつ生産性向上により農家が不利にならぬよう留意すること」が決議された（読売新聞1962年7月9日夕刊）。

自民党米価問題懇談会では白熱した議論が交わされたが、結局意見集約には至らず1万2500円・包装代込み1万2500円・包装代込み手取り1万2500円などとする3案を提示することとなった。そして7月12日に閣僚と党三役との最終調整がおこなわれ、河野一郎農相と水田蔵相が譲歩して、政府修正案1万2152円を提示し決着がついたかと思われた。しかしその日の総務会・政調審議会合同会議で農林議員からの反対意見が噴出し、党幹部が党内の了承を得ることに失敗した。農林議員らは同日さらに、両院議員総会を開催して1万2177円の要求米価を党議決議してしまった。両院議員総会は「党最高の決定機関である党員大会に代わる」ものという認識があったため、党幹部もその決議を無視することはできず、これを利用することで農林議員は党幹部に対して強力な圧力をかけた（辻 1994, p. 291）。

自民党内の反発を受けて、池田首相・大平官房長官・河野農相・水田蔵相が会談をおこない、最終決定は首相に一任された。首相の命を受けた大平官房長官が自民党と再度協議したが、党は一旦党議で決した以上変更は不可能として修正を拒否したため、池田首相は最終的に自民党案を採用することとなり、生産者米価は1万2177円（前年比1124.5円、10.1%増）となった（読売新聞1962年7月14日）。しかし食管会計赤字を少しでも縮小するため、消費者米価も12%値上げされることとなった。

この年の米価闘争では、閣僚と党幹部が一度合意した内容をまたしても農林議員らが覆す事態となり、最終的には政府側が自民党の要求をほぼ全面的に受け入れる形となった。これについて辻（1994）は、「同じ河野農相と一万田（尚登）蔵相の事後説明で引き下げ米価を自民党が納得した1956年産米の価格決定と好対照をなす。1956年から1962年までの間に、総裁候補に目されるまでに成長していた河野農相の調整力をもってしても、自民党内の農林議員による米価引き上げ論に抗することはできなかったのである」（p.292）として、自民党農林議員の影響力の急激な拡大を指摘している。

▸ 1963〜1970年

1963年以降も農協と農林議員らによる米価引き上げ要求は続き、米価の抑制を図ろうとする政府・自民党幹部と激しく対立した。しかし1961年に採用した戦略や行動方針を継承した農協と農林議員はその後も効果的に米価要求運動を展開し、政府と党幹部は農林議員らの抵抗を抑えつけることができなくなった。自民党内で有志議員団を通じて米価要求運動をおこなっていた農林議員らは、200名を超えるメンバーを集めて1966年に米価対策協議会（米対協）というグループを結成し、時に強硬かつ過激な言動をともなう活動を続けた。そのため彼らはその後ゲリラ戦を展開して米軍と戦った南べ

図5.1 生産者米価の推移（1955～70）

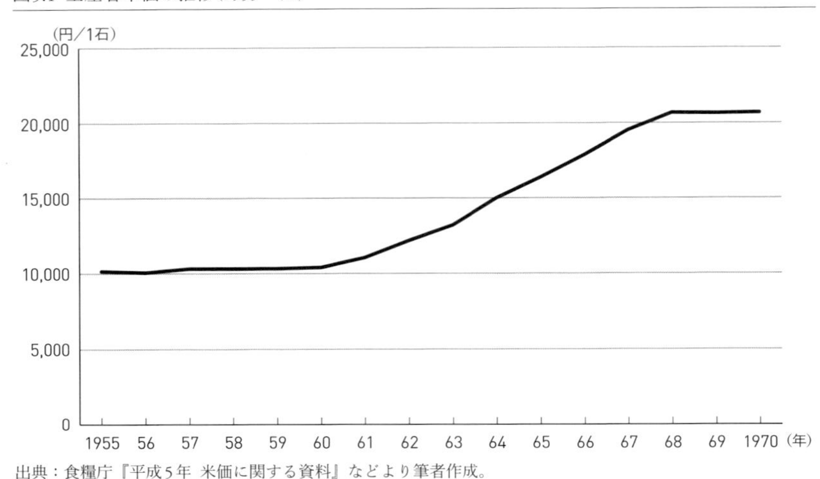

出典：食糧庁『平成5年 米価に関する資料』などより筆者作成。
註：上記のほか、読売新聞（各年）の米価決定に関する記事、日本銀行統計局編（1966）などを参照した。
60kgあたりの価格で提示されたデータは、150kgあたりの価格に換算した。

トナム解放民族戦線になぞらえて「ベトコン議員」と呼ばれるようになった★17。党の米価問題懇談会が一度決定を下しても、農林議員の激しい反発で協議をやり直すといったことが頻発し、米価決定過程にしばしば大きな混乱が生じた。そして再協議のために会合を開くたびに政府・党幹部は譲歩を強いられ、政治加算を積み上げて段々と米価が上がっていくことがパターン化した。

こうした状況の中で米価は1961年から1968年にかけて毎年6～13%程度引き上げられ続けた。特に1964年の米価は前年から13.6%も増加するという、かつてない大幅引き上げがおこなわれた★18（図5.1参照）。その結果1960年に1万405円だった米価は、1969年には2万672円にまで上昇していた。これは実に98.7%の上げ幅であった。1960年に所得倍増計画が打ち出された際に、農家の収入を倍増させるために米価も毎年10%ずつ引き上げるべきとした農林議員の言葉通り、米価は実際に10年間で倍近くに上昇したのであった。さらに1955～1960年の間に2.4%しか米価が変動しなかった一

図5.2 農林漁業者の自民党支持率(1955～75)

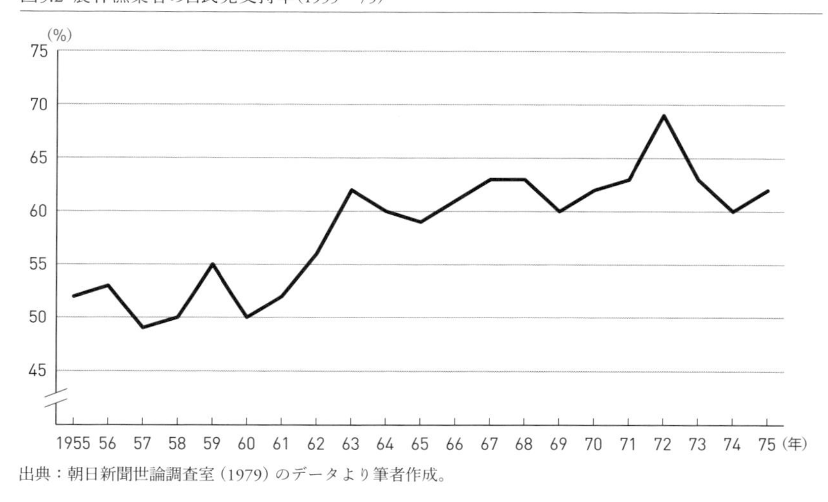

出典：朝日新聞世論調査室(1979)のデータより筆者作成。

方で、1960～1965年の間に57.4%、1965～1970年の間に26.3%も上昇したことを考えると、1961年以降の米価闘争がそれまでと全く異質のものであったことがわかる。

この時期の高米価政策は、農村における自民党への支持拡大にも大きく寄与した。農林漁業者の自民党支持率をみてみると、1961年以降に大幅な増加がみられる(図5.2を参照★19)。1955～1960年の間は50～55%であったが、1963年以降は60～70%を推移するようになった。同時に1960年代に入って農村における社会党支持率には縮小傾向がみられるようになり、農村と自民党の連携が進展したことが示唆される(前章図4.1を参照)。こうした変化の全てを高米価政策に帰することはできないが、農業における米価の政治的・経済的重要性を考えると、自民党支持拡大の大きな要因の1つであったことは確かである。そして農村における自民党への支持拡大は、自民党議員がさらに農業保護政策を推進させようとするインセンティブを強め、「正のフィードバック効果」を生み出すこととなった。

3▸ 小括

1960年までは政府・自民党幹部が主導する秩序立ったトップダウン方式の米価決定がおこなわれてきたが、1961年6月に農業基本法が制定されたことをきっかけに、米価決定過程に大きな変化が生じた。農業基本法に掲げられた「農工間の所得均衡」という政策目標が、農協や農林議員らの高米価要求を正当化させる有効な論拠となり、米価を抑制することを難しくした。また農協と農林議員らはより効果的な政治動員の戦略を採用したことで、政府や自民党幹部に対する影響力を急激に拡大させることに成功した。そのため従来の米価決定過程の秩序が崩れて大きな混乱が生じた結果として、米価決定はボトムアップ方式で展開されるようになり、より農協・農家の要求を反映したものとなった。従来の意思決定メカニズムが機能不全に陥ったこの状況は、自己組織化をもたらす「ゆらぎ」の発生であったと考えることができる。既存の秩序が崩壊した後の新たな流れとして、農村と自民党農林議員の連携と利益誘導構造が確立し、農村における自民党支持も拡大するようになり、農政トライアングルが遂に機能し始めたのである。

しかしこの時点ではまだ政府・党幹部と農林議員との意見の対立がみられた。両者の意見が常に相反するものであった訳ではないが、いくつかの重要な分野において異なる政策を志向しており、時に農協や農林議員が強く反対する政策が導入されることもあった。米価については上述のとおり、政府・党幹部は食管会計の赤字拡大を懸念して、常に可能な限り抑制させたい意向を持っていた。また別の分野においても、政府・党幹部が農協と農林議員の強い反発を招く政策の導入を試みるケースが度々生じた。例えば、1961年には河野農相がコメの自由販売を容認する食管制度の改革を試みた★[20]。このいわゆる「河野構想」は、政府買い入れは維持するものの、農家が政府以外の業者に販売することを認め、消費者の購入先も自由にすることで、コメの生産・流通を合理化するという計画であった。しかし同構想は農協・農林議員・野党からの猛反発を招き、結局撤回に追い込まれた。またアメリカなどからの圧力を受けて、政府・与党は農産物の輸入自由化政策を進めた。例えば、1961年には大豆や綿花やタマネギや加工用ブドウなどの輸入が自由化され、1963年には粗糖（精製前の砂糖）やバナナが、1964年にはレモンが輸入自由化されるなどした。これに対して、輸入増加による競争激化と価格の下落を危惧した農協と農林議員から激しい反対の声があがったが、政府は自由化を推し進めた。

またこの時期は農林省の政策選好も、農協と農林議員らのものと一致していなかった。農業基本法の遂行にあたって農林省は、離農促進と農地規模の拡大を通じて、生産・流通の合理化を進める構造改善を企図していた。しかし小規模農家を守りたい農協は、こうした政策の遂行には非協力的であったため、構造改善事業の遂行が困難となってしまった。米価についても自民党幹部と同様に、増え続ける食管会計赤字への懸念から、農林省は常に生産者米価を抑制しようとしていた。また高米価がコメの生産を刺激して農業基本法が掲げた選択的拡大政策の妨げになることからも、農林省は米価の高騰を避けたいと考えていた。

このように1961～1967年ごろには、自民党幹部・農林省と農協・農林議員との間には、依然として意見の対立があったわけであるが、米価決定過程においては後者の要求を押し通す形で政策決定がなされ、不完全ながらも農政トライアングルが機能するようになっていた。では自民党幹部と農林省がより農協・農家（および農林議員）の意向にそった政策を積極的に立案・遂行するようになったのは、いつなのだろうか。またなぜ意見の不一致が解消されたのだろうか。次章では、1968年～1970年代前半にかけての総合農政の展開を検証しつつ、農政トライアングルが発展した過程を明らかにする。

▸ 事前審査制

次章に移る前にもう1点議論を要する点がある。それは自民党内の事前審査制の影響である。事前審査制とは、各省庁が作成した予算案・法案の国会提出に先立って、自民党政務調査会の担当部会（農業関連の場合は農林部会）・政調審議会・総務会といった組織でこれらを審議するシステムである。この制度は、いわゆる族議員が政策決定過程に強い影響力を持つことを可能にしたとされている。事前審査制の下で族議員が強い影響力を発揮できた理由は、予算案・法案の了承には原則的に全会一致が必要となるからである。政調会農林部会に所属する議員が1人でも反対すれば、予算・法案の国会提出は実現しなくなるため、それらの議員の(特に拒否権プレーヤーとしての)影響力を非常に強力なものにした。そのため内閣および各省庁は、族議員が反対する政策を推進することが困難になり、彼らの意向に敏感にならざるを得なかった。1955年体制下では族議員がこうした影響力を利用して、自らが関連する業界から吸い上げた要望を政策に反映させることが可能となった。そして自民党内にボトムアップ型の分権的な意思決定システムが確立したと考えられている。

事前審査制が定着したきっかけとなったのは1962年のいわゆる「赤城書簡★21」であったとされている。奥・河野ほか(2015)によると、事前審査という慣習自体は自民党の前身の1つである民主党などにもあったが、それが現在の形で制度化され運用されるようになったのは1950年代後半であったという。事前審査制が本格的に定着した正確なタイミングについては見解が分かれるところであるが、1960年前後に同制度が定着したことで族議員が台頭し、その後自民党の農業政策の決定過程に多大な影響を与えることとなった。これは本書の主張と矛盾するものではなく、事前審査制度が農村と自民党の連携強化に寄与したことは確かである。

しかし本書は1960年代初めに農村と自民党の連携が生じた要因としては、農業基本法制定の方が重要であったと考える。それは当時の農政の最重要課題であった米価の決定過程において、事前審査制の影響は限定的であったからである。上述のように、自民党内の米価の審議は臨時機関であった米価問題懇談会でおこなわれ、意思決定も全会一致が原則ではなく、最終的には会長(あるいは座長)に一任ということが一般的であったためである。当時の関係者の証言などを検証しても、やはり米価闘争とそれにともなう党内の決定過程を、本質的に変化させたのは農業基本法の制定によって「農工間の格差解消」が政策目標とされたことが大きかったことが窺える。

しかしながら執行部が政調会農林部会での他の法案や予算案の審議などが

滞ることを恐れたことで、米価闘争において農林議員の影響力が間接的に増した可能性も否定はできない。いずれにせよ農業基本法の制定および事前審査制の定着など、農村と自民党の緊密な連携を生じさせたこれらの変化が起きたのは1960年代初めであり、それが日本農政の歴史における重大な局面であったことは間違いない。

註

★1——「農林議員」は「農林族議員」と同義であるが、本書の歴史的分析においては当時の新聞記事などで一般的に使われていた「農林議員」という表現を使用する。ちなみに「族議員」という呼称が一般的に使われるようになったのは、ロッキード事件で「航空族議員」や「運輸族議員」などの表現が現れたのがきっかけだと思われる。「農林族議員」が新聞記事にみられるようになったのは、1980年代になってからである。

★2——とはいえ農業基本法は一般の法律であり、他の法律に優先するというわけではなかった。また同法は1999年に「食料・農業・農村基本法」(通称：新基本法)の制定によって廃止された。

★3——当時農林省の審議官であった小倉は、同法の立案過程の中心となった「農林漁業基本問題調査会」において、農林省の代表となる事務局長を務めた。

★4——委員長は東畑精一東大名誉教授、副委員長は楠見義男農林中央金庫理事長であった。その他にも有沢広巳(法政大学総長)、植村甲午郎(経団連副会長)や円城寺次郎(日経新聞主幹)や荷見安(全中会長)などが委員として名を連ねた。委員・臨時委員合わせて50名という大規模な調査会であった。

★5——ちなみにこの「自立経営農家」という概念は、農業基本法立案にあたってヨーロッパに滞在して研究した小倉ら農林官僚が持ち帰ってきたものであった。当時「農業基本法」の立案をおこなっていたフランスで提唱されていた「viable farm」という考え方を参考にしたという(『農林水産省百年史』編集委員会 1979, 下巻, p. 803)。

★6——衆議院ウェブサイト：http:// www.shugiin.go.jp/internet/itdb_housei.nsf/html/houritsu/03819610612127.htm

★7——北海道では元々農地価格の水準が比較的低かったことと、在宅兼業が難しかったことから、離農人口が増え、規模拡大が進んだとされている(農林水産省 1996)。

★8——また構造改善の焦点を、自立経営農家をつくることや協業組織をつくることから、「共同利用施設とか土地改良を助成するといったこと」に河野農相が転換してしまったことも指摘されている(『農林水産省百年史』編集委員会 1979, 下巻, p. 811)。そして構造改善事業に農協が「非協力的」であったことを指摘する声もあった(同上, p. 816)。

★9——農林省『昭和36年度農業の動向に関する年次報告』p. 76.

★10――その理由として、「所得補償を目的とした算定方式が不備である」とする生産者代表の意見と、「米価体系の合理化が不徹底」といった学識経験者・消費者代表の意見が併記されていた。米審内では、米価が低すぎるとする前者と、高すぎるとする後者の意見が対立した。

★10――正式には「コメの生産にかかった費用を補償するほか、農家の労働に対する報酬を農村の労賃より高い製造業の労賃単価で計算し、その合計で生産者米価を算出する方式」と定義されている（本間2010, p. 119）。

★10――参加した永山忠則議員らは「予約申し込み加算金をさらに五十円引き上げて百円に増額すれば不満足ながら了承する」などと発言したという（読売新聞1961年7月11日夕刊）。

★13――辻（1994）も、所得パリティ方式に比べて生産費所得補償方式は、「算定要素の修正による政治加算がしやすい」と指摘している（p. 334）。

★14――1961年の米審の答申にも「米の供給力が増加しているのに、生産費および所得補償方式の運用については弾力性を欠いている」との批判的な意見があった（読売新聞1961年7月17日）。

★15――この点に関して辻（1994）は、「農業基本法でまいたタネを自ら米価で刈りとるという、いわば自縄自縛の米価引き上げ要求でもあった」（p. 280）と述べている。さらに経済合理主義の理念を掲げる同法に対して「末端農家の多くは何となく不安を感じ、その不安が一層強い値上げの動きとなって結実していた」とも指摘している（p. 287）。

★16――この年の消費者物価指数の伸びは前年比6.8%、賃金水準の上昇率は10.6%という非常に高い値であった。eStat ウェブサイト：https://www.e-stat.go.jp/stat-search/files?page=1&toukei=00200573&tstat=000001150147

★17――米対協に参加した議員は、1966年の時点で202名にも上った（辻 1994, p. 316）これに対して、党の正式な米価協議の会合である米価問題懇談会の委員は、「正規軍」と呼ばれた。

★18――この年は当時の池田首相が総裁選を控えていたため、反主流派であった佐藤派の議員らの圧力に抵抗することが難しい状態であった（読売新聞1970年6月2日）。農林議員らは「要求を入れないと池田批判票としての白票は百票出す」などとして、首相に揺さぶりをかけたという（辻1994, p. 302）。

★19――同調査では、世論調査を複数回実施した年と一度のみの年がある。図6.2では、複数回調査がおこなわれた年は、その年におこなわれた最後のデータのみを抽出した。

★20――第4章で触れたように、河野農相は1950年代半ばに農相を務めた際にもコメの統制撤廃を模索していた。

★21――赤城書簡とは、当時自民党総務会長であった赤城宗徳が、大平正芳官房長官に宛てた書簡のことを指す。同書簡では、「各法案提出の場合は閣議決定に先だって総務会に御連絡を願い度い」とし、「政府提出の各法案については総務会に於いて修正することのあり得るにつき御了承を願いたい」と要求している（奥 2014, p. 48）。

第6章

農政トライアングルの完成
——総合農政と農林省の方針転換

農地法と農協法の制定によって「農村の均質化」と「農協による政治動員」といった農政トライアングル形成の必要条件が整い、1961年の農業基本法制定によって限定的ながら「自民党と農村の緊密な連携」の条件も満たされた。それによって農協と自民党の間に利益誘導構造が形成され、その影響は米価の著しい上昇という形で現れ、不完全ではあるが農政トライアングルが機能をし始めた。一方で依然として自民党幹部と農林省は、価格支持を通じた農業所得の拡大という方針については消極的で、米価決定過程において毎年のように農林議員と激しく対立していた。それまでは最終的には政府・自民党幹部によって米価闘争の幕引きがなされていたが、農業基本法制定後は農林議員に押し切られる形で、米価の大幅引き上げを容認することが続いた。そして自民党内の農業政策決定過程はボトムアップ方式に変容していったのである。

「自民党と農村の緊密な連携」が始まったものの、まだ満たされていない条件があった。それは「農林省による農業保護政策の積極的な立案」である。1960年代前半までの農林省は、農業基本法制定の際に経済合理主義の理念を追求し、食管会計赤字に対する強い懸念から米価抑制を志向していたことからもわかるように、保護主義的な政策を積極的に支持していたわけではない。では最後の必要条件はどのようにして整ったのだろうか。農林省が積極的に保護政策を立案するようになったのはなぜなのか。このパズルを解くカギは、基本法農政を軌道修正するために1969年に導入された「総合農政」という政策にある。

総合農政は、農業基本法がもたらした様々な弊害（特に食管会計赤字の拡大とコメの供給過剰）を是正することを主な目標としていた。そしてこの政策は、従来の農林議員（ベトコン議員）とは別の議員グループ（総合農政派）と自民党幹部の支持を受けて導入されたものであった。同政策の下では、コメの生産者に奨励金を給付して転作や休耕を促し、コメの作付面積に制限を加えてコメの生産を削減する「減反政策」が遂行されるようになった。ベトコン議員らからの反発もあったものの、自民党は同政策の推進を党の基本方針とする。これによって自民党内での意見集約がおこなわれ、党幹部も総合農政に基づいた保護政策を推進するようになった。

農林省にとって同政策は理想的なものではなかったが、当面の課題に対処する次善策として同政策を支持した。総合農政が政策方針として掲げられたことで米価もしばらくは抑制傾向となり、農林省はその後総合農政に基づいた補助金政策を積極的に推進するようになった。こうして遂に農政トライアングルの構成者のほとんどが農業保護政策を支持するようになり、農政トライアングルが完全な形で形成されたのである。本章では、総合農政が導入された政治的・経済的背景とその帰結について検証し、同政策が自民党内の政策決定過程と農林省の行動に与えた影響について分析をおこなう。

1▸ 総合農政

▸総合農政導入のきっかけ

前章で議論した通り、農業基本法は当初の立案意図とは裏腹に、米価引き上げの口実として利用され、農業に様々な歪みをもたらしていた。米価は急激な上昇を続け、1959年から68年の10年間で倍以上に膨らんでいた。またコメをはじめとする農産物価格の高騰は、物価上昇の主要な原因ともなり、国民生活にも大きな影響を与えるようになっていた。そして輸入自由化が進んだことと、農業生産がコメに偏重したことで、大豆やトウモロコシといった作物の国内生産が著しく減少し、食料自給率の低下を招いていた。

さらに1967年はコメが大豊作となり生産量が過去最高の1445万トン、1反あたりの収穫量（反収）も453キログラムまで上昇した（吉田 2012, p. 105)。コメの生産量の拡大の背景には、高米価や機械化や技術改良などがあった。その結果コメの供給が需要を大きく超過するようになり、1967年産米は260万トン以上が翌年に古米として持ち越されることとなった（読売新聞1968年7月13日）。1967年以降、こうした余剰米は増加の一途をたどり、古米・古々米の保管費用も大きな負担となっていた。またその保管量を減らすために、新米に古米・古々米を混ぜて販売することが一般的となり、コメの食味の低下も消費者から不評を買っていた。それにもかかわらず、農協と農林議員は1968年にも激しく米価引き上げを要求し、後述するように米価闘争は大荒れとなり、佐藤栄作首相も事態を収拾できなくなる事態を招き長期化した。最終的にこの年の生産者米価は5.9%の引き上げとなり、食管会計赤字も2415億円に達した（読売新聞1968年12月12日）（図6.1も参照）。

こうした状況にあって、農業政策の抜本的な見直しを要求する声が各方面から高まった。例えば、読売新聞の社説は「食管制度を再検討せよ」と題して、「豊作で政府買い入れ量が増えるほど、食管会計の赤字が増え値上げ幅を大きくしなければならぬという経済法則に反する現状は、どうしても改められねばならぬ」（読売新聞1968年9月8日）と訴えた。また毎日新聞も1968年9月に同社がおこなった世論調査で回答者の76%が食管制度の改廃を支持したことを受けて、社説の中で「膨大な食管赤字の累積や、増産による過剰が目だってくると、もはや政策としても、生産者には高く、消費者には安くする、というような都合のいい処置は望まれなくなっている」と指摘している（毎日新聞1968年10月2日）。そして1967年12月には経済同友会が、米価と食管制度に関する政策提言をおこない、「米を現在の直接統制方式から間接管理方式に移行させる」ことや、「当面の米価対策として、生産者米価算定方式の改善」をおこなうことなどを主張した（毎日新聞1967年12月16日）。

こうした声は政府・与党内でもあがった。例えば、宮澤喜一経済企画庁長官は1968年10月に財政経済に関する政策提言を発表し、そのなかで財政悪

図6.1 食管会計赤字の推移(1959～1968)

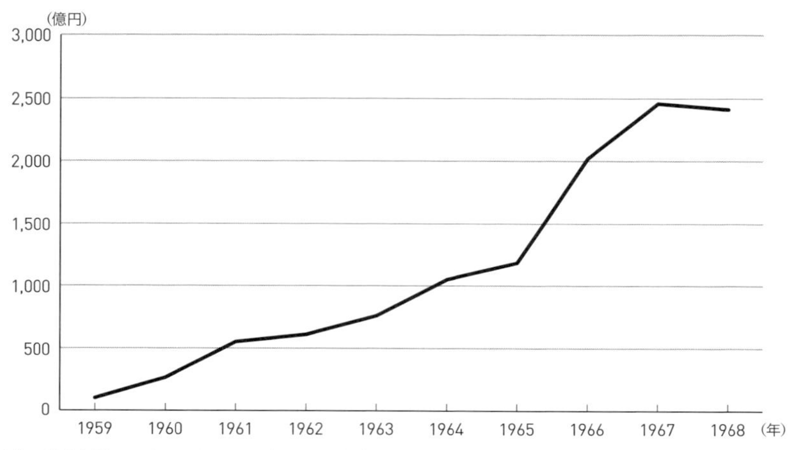

出典：読売新聞1968年12月12日のデータより筆者作成。

化と物価高騰を招いている米価政策に関して、生産者米価・消費者米価を当面据え置くことを訴えた。また佐藤首相に対して、「政府を通さない売買」を認める「自由米構想」(いわゆる「自主流通米制度」)を提言した(読売新聞1968年10月17日)。また福田赳夫蔵相も同年12月に来年度の米価に関して、自主流通米制度を導入することで政府の買い入れ量を需要に見合った800万トン前後に抑制し、さらに生産者米価を3%引き下げることを提言した(読売新聞1968年12月11日)。自主流通米制度には、財政面の配慮と共に政治的な思惑もあった。下村(2004)によると、宮澤経企庁長官は「農民層の多くが農外所得を主とする第二種兼業農家化していることなどから、生産者米価を引き上げることよりも、むしろ生産者米価を据え置くことで消費者米価を抑制することの方が、有権者の支持をより多く獲得できると考えた」という(p. 1081)。

また、この年の7月に西村直己農相は、食管制度について「事態に即して所要の改善を行うよう検討に着手すべき時期に至った」と発言し、農林省に対して改革案の作成を指示していた(下村2004, p. 1087)。これを受けて農林省は農政審議会などで審議をおこない、水田を25万ヘクタール削減してコメの生産を120万トン減らし、10アールあたり2万5000円程度の休耕補助金を出すといった試案を出した（読売新聞1968年11月7日）。また大蔵省が提案した米価の3%引き下げには反対したものの、自主流通米制度の導入に対しては同意した（読売新聞1968年12月11日）。

農林省が自主流通米制度に同意した理由は、食管会計赤字の削減だけではなく「財界等から強く主張されていた米穀の間接統制・部分管理に道を開くこと、さらには米の産地間・地域間の差別を拡大することにより、生産者米価の抑制策としても機能させる」狙いがあったという（食糧政策研究会1987, p. 128）。また自主流通米として販売されるコメは良質米が想定されており、「コメがまずい」という消費者の不満も解消できると期待されていた。

自民党も1968年8月に党内に総合農政調査会を設置し、農政改革について審議を始めた。1968年12月に同調査会小委員会が発表した試案には、25万ヘクタール分の作付け転換をおこなうこと、向こう3年間水田10アールあたり2万円の作付け転換奨励金を出すこと、食管制度は維持しながらも米価は据え置くこと、自主流通米制度を認めることなどが盛り込まれた（読売新聞1968年12月27日）。

各方面から起こった高米価に対する批判や農政改革を求める声に直面して、農協も食管制度の撤廃を回避するためには従来の方針を転換せざるを得ないと認識するようになった。1968年10月15日には全中の宮脇朝男会長と西村農相が会談をおこない、食管制度の健全化とコメの需給調整の必要性について合意し、政策の実施で互いに協力することを確認した（読売新聞1968年10月16日）。その翌日、全中は作付け転換の試案を農林省に提出した。その内容は今後3年間で30万ヘクタールの水田を牧草地に転換すること、これに対して政府が10アールあたり2万2000円の作付け転換奨励金やその他補助金を出すことなどであった（同上）。また同年12月にも、農林省と農協の「トップ会談」がおこなわれ、農相から自主流通米制度を翌年から実施することが説明され、農協も「賛成はできないが反対はしない」と了承した（読売新聞1968年12月24日）。

米価の扱いや作付け転換の規模や奨励金の額などについては異論があったものの、コメの需給調整をおこなうことと自主流通米制度を導入することに関しては、政府・与党・農協の間で合意が形成され、総合農政の基本方針が固まった。そして作付け転換については、1969年度の政府予算に23億円（1万ヘクタール分）が組み込まれて減反政策がスタートし、自主流通米制度も開始された。

しかし作付け転換については、コメ生産現場の農家と農協の下部組織（都道府県連）から激しい反対がおこった。農協の都道府県連の会長らが1968年11月に地域別に会議を開いて検討した結果、関東・甲信・北陸・東北などの地域は作付け転換に強く反対し、全中は農協が作付け転換を積極的に進める方針を撤回することとなった（下村 2004, p. 1100）。結局、農林省主導で試験的に作付け転換をおこなう計画は遂行されたものの、同計画を拒否する都道府県も現れた。例えば、青森県は同県がコメの増産運動を進めていること、すでに苗代作りが始まっていること、コメに代わる他の農産物がないなどといった理由で、作付け転換への不参加を表明した（読売新聞1969年4月15日）。農家にとってコメは価格が安定し高収入が見込める上に、すでに生産機械や施設に多額の投資をしているため、奨励金が出るとはいえ他の作物の生産に転換するインセンティブは低かった。こうして農協の積極的な協力が得られなかったため、1969年度の作付け転換は、当初の計画の半分程度（5500ヘクタール）しか遂行されなかった。

自民党の農林議員の間でも、総合農政に関する態度は分かれていた。古参の農林議員らは、「日本の農業を守る会★1」を結成し作付け転換をはじめとする総合農政に反対し、従来通りの価格支持を通じた農業収入の拡大にこだわった（下村 2004, p. 1103）。これに対して、若手の農林議員は農政改革を訴えて総合農政を支持した。こうした若手議員らはその後「総合農政派」と呼ばれ、農業政策に大きな影響を持つようになった。そして、その中心となったのは中川一郎、渡辺美智雄、湊徹郎の3人であった（吉田 2012）。

総合農政に対する反対が農協や自民党の一部から出たものの、政府・自民党・農協は同政策を支持し、農業政策の方針転換がおこなわれることとなった。そして1970年2月20日に佐藤内閣が「総合農政の推進について」を閣議決定し、総合農政が正式に採用されることとなった。この閣議決定の主な内容は、①農業の構造改善を進め、経営規模拡大・協業・離農を促進する、②コメの減産を進めながら需要に見合った農業生産を誘導する、③農産物価格は国民の合意を得られる安定的なものにする、④農産物の輸入自由化を進めつつ、関税の引き上げや輸入課徴金制度の導入を検討するといったものであった（朝日新聞1970日2月20日夕刊）。

このうち①については、農業基本法の構造政策と全く同じものであり、構造改善を通じた経営強化が引き続き目標とされた。②と③が総合農政の新規的な部分で、これまでの急激な米価引き上げを抑制して生産を調整することで、コメの需給均衡が図られた。④に関しては、当時アメリカなどから強まってきた市場開放への圧力を背景としたもので、影響を受ける農家の所得補償をしながら輸入自由化を進める内容であった。

総合農政が導入されたことで、「これまでの農業所得確保機能から農産物の需給調整機能を重視する政策へ」軌道修正がおこなわれた（北出 2001, p. 106）。それは、「米の増産という『神武以来』の農業政策とまったく逆」（読売新聞1972年9月2日）の政策を推進するという歴史的にも重要な政策転換であった。そして、同政策には「食料管理制度のもとでの市場メカニズムの導入」（暉峻 2003, p. 208）という意味合いもあった。それまではコメが豊作でも古米の在庫が増えても価格が上昇し続けたが、こうした状況を転換させる仕組みの構築が狙いであった。

こうした方針転換によって1970年には減反目標が一気に23.6万ヘクタール（150万トン分の減産）にまで拡大された★2。1970年度の政府予算には、コメの生産調整のために総額814億円の予算が計上され、その規模は1982年まで拡大を続けた（図6.2を参照）。また同時に自主流通米制度も開始され、その後販売業者の登録制度が緩和されたり、物価統制令の適用が廃止されて、コメの流通の自由化が段階的に進められた（暉峻 2003, p. 209）。そして後述するように、1969年から1971年にかけて米価は据え置きとされた。これらの施策を通じて、コメの生産量と政府の買い入れ量・額を減らすことで、食管会

図6.2 コメ生産調整費予関連算の推移（1969〜1990）

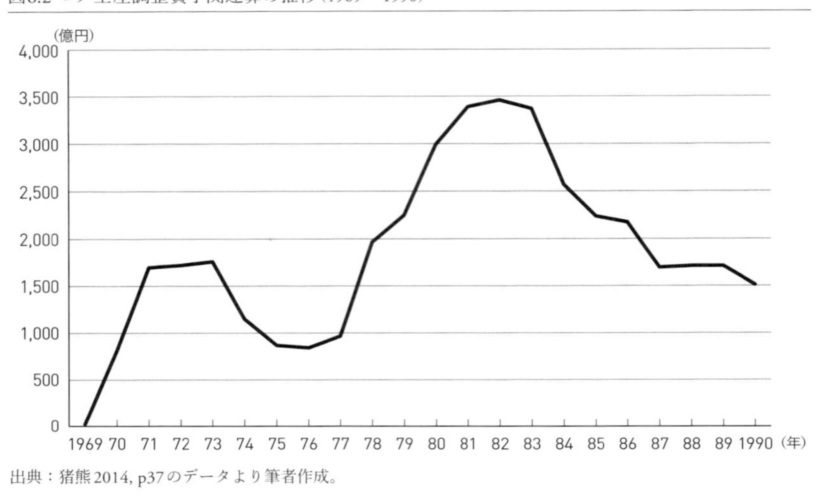

出典：猪熊2014, p37のデータより筆者作成。

計赤字の削減が図られた。

農林省の当初の目標は、総合農政において米価政策に市場メカニズムを導入して、価格政策を合理化することであったが、同政策はまたしても予期せぬ帰結を招くこととなった。農業基本法で農工間の所得均衡を口実に激しい米価引き上げ要求が発生したように、総合農政においては「コメの需給均衡」を理由に生産調整奨励金の要求が激しくなり、結局は補助金中心の保護主義的な農政が展開されたのである。農協や農林議員（特に総合農政派）は、当面の米価据え置きは不可避と判断し、生産調整奨励金の引き上げを要求するようになったのである。つまり要求運動の対象が代わっただけで、農村と自民党の間の利益誘導は継続されたのである。

▶総合農政に関するインセンティブ

次に、農政トライアングルの各構成者がなぜ総合農政を支持するようになったのかという点について考察してみよう。まず農協幹部が米価引き上げ要求中心の政治運動から作付け転換を受け入れる姿勢に転換した理由について、下村（2004）は、「食管制度が米過剰現象によって財政的に危機に陥るとともに、食管改革論が世論の支持を得てきている中、間接統制への移行などのドラスティックな改革を避け、食管制度そのものを温存するには、生産調整の導入が必要であると判断したためであった」（p. 1100）と説明している。農協幹部の戦略は、食管制度を現状のまま維持しつつ、米価抑制と減反を受け入れる代わりに、生産調整奨励金増額の要求を農政運動の主目標とするというものであった。つまり米価引き上げを通じてではなく、奨励金を増額することで農家の収入拡大を図るという思惑であった。米価引き上げによって食管会計赤字が拡大し続ければ、いずれ食管制度が破綻することは目に見えていた。そうなるとコメの流通に対する農協の独占体制が失われ、食管制度に関連した手数料や保管料などといった農協の収入源が激減してしまうことを農協幹部は恐れたのであった★3。

しかし前述のように都道府県連やコメ生産農家から米価抑制策と作付け転換に対して激しい反発が起きており、作付け転換に対して現場の協力を得ることに苦労することとなった。それでも農協幹部は、総合農政に沿った新しい活動方針を貫き通した。そして生産調整奨励金増額要求を中心とした農政運動は、1995年に食管法が廃止されコメの流通が自由化された後も続けられた。さらに2018年に減反政策が廃止された後でも、食料自給率向上を名目に「水田活用の直接支払い交付金」という形でコメの作付け転換への補助金が支払われており、農協が同交付金の増額・維持を要求しているという点では、同様の農政方針を実質的に継続しているといえる。

次に総合農政派と呼ばれた自民党議員らのインセンティブについてみてみよう。若手の農林議員らが米価抑制をともなう総合農政を支持するようになった理由は、自民党農林議員の間における世代間の勢力争いがあり、食管制度の改革を図った農林官僚がそれを上手く利用したからであった（辻 1994, 下村 2004）。総合農政の導入を前にして、農林省は自民党のベトコン議員からの抵抗によって政策転換が失敗することを恐れていた。そこで当時食糧庁長官を務めていた檜垣徳太郎が、青嵐会に所属していた若手の農林議員（中川一郎・渡辺美智雄・湊徹郎）らに接触し、勉強会や合宿を開くなどして米価抑制・生産調整・自主流通米制度導入といった政策への支持を促した。檜垣がこれらの議員を選んだ理由は、「とにかく、古参、大物議員たちは、いずれもベトコン側で、使える議員といえば青嵐会の連中しかいなかった」からだという（下村2004, p. 1093-94）。

中川らは自民党総合農政調査会で農林省の改革案に沿った内容の報告書の承認（1968年12月）を後押しし、その後の政策転換に大きく貢献した。元農林官僚らの回想によると、中川らが総合農政を支持した背景は、以下の通りだったという。当時「ベトコンには大物たちがひしめいていて、大してうまみがない。そこを檜垣さんが、うまくゆさぶったのですよ。もちろん彼らも、勘は鋭い。総合農政が、時代の趨勢になりそうだと、いち早く嗅ぎ取った」のだという（辻 1994, p. 374）。つまり彼らがベトコン議員から主導権を奪うには、米価引き上げ要求以外の新しいアプローチを採用して差別化を図ることが必要だったのである。

またこの当時、自民党の党幹部も新しい政策アプローチを模索しており、総合農政の内容が党幹部の求めるものにうまくマッチしたことで、その推進を後押しするようになった。下村（2004）によると、こうした流れをつくったのは、当時自民党内で権力者として頭角を現していた田中角栄だったという。田中は佐藤内閣の下で大蔵大臣を務めた後、幹事長や政調会長など党の要職を歴任し、党内において強力な影響力を持つようになっていた。田中が目指していた政策は、農村のインフラ整備を通じて近代化・工業化を推し進めることで離農を促しながらも、農村での雇用機会を増加して地方経済を活性化させることであった。そのため離農促進を通じた構造改善や減反政策を含む総合農政は、田中にとっても都合の良い政策であった（下村2004）。また田中は離農者の農地を工業用地に転用することで、コメの生産調整と地方の工業化を実現できるとして、農地法の廃止を訴えていた（読売新聞1969年9月3日）★4。米価抑制と生産調整に対する農家からの反発はあったものの、食管制度を廃止することなく生産調整奨励金や農業近代化資金などといった名目で農村に潤沢な資金を投入することで、自民党は農村との間の利益誘導関係を維持することができた。こうしたことから自民党の大勢は総合農政の促進を支持したのである。

最後に農林省についてみてみよう。前述のように、総合農政の導入に際して農林省は自民党幹部・農林議員に接触して、同政策への支持を取り付けた。そして農協とも農相・農林省幹部が会談をおこなって説得を図った。こうした政治的折衝には、特に檜垣徳太郎の働きが大きかったとされている。農林省が積極的に総合農政の導入を推進した理由は、米価高騰にともなう食管会計赤字の拡大に危機感を持っており、価格政策の転換は不可避だと考えていたからであった。1969年度の食管会計赤字は2970億円にも上り、農林省の試算では1970年度は4700億円に膨れ上がると見込まれていた(読売新聞1969年11月20日)。食管会計赤字の拡大は、政府に対する批判の高まりにつながっており、農林省にとっては喫緊の課題であった。1969年に農林事務次官に就任した檜垣は、新聞社のインタビューで「米の余剰は食管制度の機能を失わせることにつながる」と危機感を示して、高騰を続けた米価についても「これまでの価格政策を総合的に再検討する時期にきている」と述べている(読売新聞1969年11月7日)。コメの生産余剰問題を解決するには、米価を大幅に引き下げて生産を抑制すること、あるいは食管制度を廃止しコメの流通を完全自由化することなどといった方策も考えられた。しかしそれらは当時の政治情勢から極めて実現困難であったため、現実的な選択肢としては奨励金を使った減反政策しかなかった。また食管会計は食糧管理に限定された特別会計であったため、農林省にとっては自由に扱える予算ではなかった。その一方で、減反にともなう奨励金や自由化に対する補償金などは一般会計に計上されていたため、農林省にとって扱いやすく都合がよかったという面もあった。

農業基本法のケースでみたように、当時の農林省は農業経営の近代化・合理化を進めて、自立経営農家を育成するという経済合理主義の理念に基づいた政策を支持していた。奨励金に依存する減反政策は同理念とは相容れないものであったが、農林省としては他に選択の余地はなかった。しかしその後、減反政策が軌道に乗ると、農林省も同政策の維持を志向するようになった。例えば、1980年代に入って経済団体から食管制度の抜本的改革を訴える意見書★5が発表され、1982年には首相の諮問機関である第二次臨時行政調査会（第二臨調）が「転作奨励金依存からの早期脱却」や「食管制度見直し」を提言した。これに対して農水省（1978年に農林省から改称）は、転作奨励金撤廃は「農家の転作意欲を阻害する」として反対した。食管制度見直しについても、需給調整を通じて「財政負担の軽減を進められる。食管赤字は改善の方向が見えている」として、「現行制度を変える考えはない」と制度改革を拒否した（読売新聞1982年7月31日）。前述したように、1950～60年代の農林省が食管制度改革・撤廃に前向きな姿勢をとっていたことを考えると、総合農政導入後に同省の政策選好が変化したことがわかる。

▶農政トライアングルの完成

総合農政が導入されたことで、農政トライアングルにも大きな変化が生じた。同政策については農家や農協の下部組織やベトコン議員らからの反発はあったものの、政府・自民党・農協の幹部を含む大勢は同政策を推進することを支持していた。すなわち3者間の意見の対立が解消され、一定の政策合意が形成されたといえる。特に大きな変化をみせたのは農林省であった。米価抑制を志向し農協・農林議員と対立した農業基本法の時とは違って、農林省も総合農政の下では補助金の拡大を受容し、保護主義的な政策を支持するようになったのである。

ただし1つ注意すべきは、この政策合意を過大評価してはならないということである。農政トライアングルがより強固なものになったとはいえ、その全ての構成者が政策面で完全に合意していた訳ではない。鉄の三角同盟論においては、あたかも関係者全員が同様の政策選好を持っており、その合意に基づいて政策決定がおこなわれるといった説明がなされがちであるが、これはあまりに単純化しすぎた仮定であると言わざるを得ない。利益誘導関係が機能しているなかでも、一定の意見対立は起こりうる。例えば、農政トライアングルにおいては、作付け転換・減反政策に対する現場の反発はその後も続き、農林省と農協幹部は減反計画の割り当てに苦心した。また米価についても、総合農政の下で米価の抑制が続くなかで、米価対策協議会（米対協）★[6]に所属したベトコン議員や、後に結成された日本農政刷新同志会に所属し「アパッチ」と呼ばれた農林議員らは、毎年米価引き上げ要求を継続し、1980～90年代に入っても政府・党幹部と対立を繰り返した。

他方で経済合理主義の立場から離農促進を図る姿勢も、農林省や党幹部の間に根強く残っていた。農林省は農業基本法と総合農政の根幹的部分であった構造改善をその後も模索し、規模拡大と自立経営農家の育成を追求した★[7]。1970年には農地法を改正して、農地所得の上限面積を廃止し、小作地所有制限を緩和し、農地の売買や貸借の促進を図った。また農業生産法人の要件を緩和し、農協が組合員からの委託を受けて農業経営をおこなう場合に農地を取得できるようにした（『昭和45年度 農業白書』, p. 155-56）。さらに都道府県の公社である農地保有合理化法人を設置し、農地の買い入れ資金などに対して助成を与えた★[8]。1980年代に入っても農水省は、「経営規模拡大政策を一段と推進して、農業の生産性（効率性）を高め、農産物価格の内外格差を縮小しつつ農工間の所得均衡の実現を図っていくこと」を「政策の重点」に据えていた（暉峻 2003, p. 235）。

同様に田中内閣の下で自民党は、田中の「日本列島改造論」に基づいて地方の工業化を進め、離農を促進して農業から工業への労働力の移動を図った。これに対して農協は、農業人口減少が組合員数の減少につながるという懸念から、離農促進には消極的であった。農協にとっては、兼業・専業にかかわらず農業従事者が多い方が農協の経営にとってプラスであったため、離農促進や経営規模拡大を積極的に支援するインセンティブはなかったのである。農林省も規模拡大を図るために離農促進は支持していたものの、離農者の農地を工業用地や宅地に転用しようとする自民党の案には反対していた。

以上のように、政府・自民党・農協の3者の政策選好が完全に一致していたわけではないが、食管制度の維持や補助金を基にした減反政策（その他にも主要農産物に対する貿易障壁の維持や農産物輸入自由化に対する所得補償など）に対する基本的な合意が形成され、こうした農業保護政策が積極的に推進されたことで、第5章でも触れたように農村における自民党への支持が拡大し、利益誘導構造がより緊密かつ強固なものとなった。そしてそれがさらなる保護政策を生み出すといった「正のフィードバック効果」が生まれたのである。こうして農政トライアングルは、ほぼ完成に近い形となったのである。

2▸ 米価闘争 1968～1975年

本節では総合農政と米価闘争の関係について検証をおこなう。第5章でみたように、1961年に農業基本法が制定されると、「農工間の所得均衡」を名目に農協と農林議員らの米価要求運動が活発化し、その後数年にわたって米価が急激に引き上げられる事態が生じた。政府・自民党幹部も一定の引き上げは容認する姿勢をみせたものの、ベトコン議員らによる過剰な要求には応じなかったため、毎年米価決定過程では激しいやりとりが交わされることとなった。そしてそのたびに政府・自民党幹部はベトコン議員らを制御することに苦労し、譲歩に譲歩を重ねた結果として大幅な米価引き上げで決着するといったことが繰り返された。こうした米価闘争が特に激しい衝突と混乱を招いたのは1968年のことであった。そしてこれがきっかけとなって総合農政導入の機運が生まれ、翌年からコメの生産調整と自主流通米制度が開始され、その後は米価抑制へと価格政策が転換されていくこととなる。以下では、総合農政導入のきっかけとなった1968年の事例と、総合農政が始まった1969年の事例を比較検証し、さらに1970年代の米価政策を概観する。そして農政トライアングル内での勢力バランスと政策選好の変化を分析して、利益誘導構造が確立した過程を明らかにする。

▸ 1968年

1960年に1石（玄米150kg）あたり1万405円だった生産者米価は、1967年には1万9521円まで跳ね上がり、倍近い価格となっていた。1967年産米は過去最高の1445万トンの大豊作で、コメの国内需要を200万トン上回りっていた（稲熊 2014, p. 34）。その一方でコメの国内需要は1963年あたりから減少し始めており、以降も減り続けることが予想されていた（生源寺 2011, p. 119）。そのため古米の在庫も増え続け、1968年3月の時点で234万トンを超えていた（読売新聞1968年3月23日）。そして古米の在庫処分を進めるために、食味に劣る古米が新米と混ぜて販売されることが多くなり、消費者の不満も膨らんでいた。さらに食管会計赤字も2460億円に膨らんで、1961年以来の米価高騰の悪影響が顕著になってきていた。こうした情勢にメディアや財界や消費者団体などからも批判的意見が上がり、米価抑制や食管制度改革の必要性が議論されるようになっていた。また新聞に掲載された読者の声にも高米価や食管制度に対する批判的意見が多くみられた★9。

こうした批判の高まりにもかかわらず、農協は労働費や農業機材の高騰などを理由に、前年の生産者米価より3589円（17.8%）も高い2万3110円の米価を要求した（読売新聞1968年6月9日）。また例年通り各地で米価要求大会を開催し、自民党幹部や農林議員への陳情活動も活発におこなった。他方で食管会計赤字の削減を図る大蔵省は、年度途中で補正予算を組まない「総合予算主義」を採用した。これによって米価に政治的配慮から加算金が付けられた場合は、農林省が農林予算からその額を捻出しなければならない状態になり、農林省に米価抑制の釘を刺すこととなった（辻 1994, p. 383）。また物価高騰を危惧する経済企画庁（経企庁）も、米価据え置きを強硬に主張していた。これを受けて倉石忠雄農相は、高米価を要求する生産者代表の圧力をさけるため米価審議会のメンバーを学識経験者に限定する「中立米審」とすることを決定した。しかしこれには農協や全日農などから強い反発が起きた。

米審に先立っておこなわれた政府内の折衝では、「生産者・消費者両米価の据え置き」を主張する経企庁と、3%程度の引き上げを主張する農林省との間で調整が難航したが、最終的に食管制度の改正を条件に20,105円（前年比＋2.99%）を政府案とすることが7月22日に決定した（読売新聞1968年7月22日夕刊）。同案は中立委員で構成された米価審議会に諮問され協議がおこなわれた。米審会場には1000人を超える全日農などの農業団体のメンバーが押しかけ、委員には「農林省のイヌ」とか「御用米審」などといった罵声が浴びせられ、機動隊が出動する騒ぎとなった（読売新聞1968年7月22日夕刊）。米審は7月24日に生産費・所得補償方式に基づく政府の米価算定について「やむを得ない」としたものの、同方式は恣意的な要素が入りやすいと問題点を指摘し、コメの需給事情、消費者物価への影響、財政との関係などを考慮すべきとし、農政上の総合的な政策を確立すべきとする答申を出した（読売新聞1968年7月25日）。

自民党は田中角栄を会長とする米価調査会において米価問題を協議し、7月25日に生産者米価を前年比＋7.09％となる2万905円とする案をまとめた（読売新聞1968年7月25日夕刊）。自民党内でも高米価に対する世論の批判を懸念する声があったものの、この年の7月7日におこなわれた参議院選挙のせいで米価抑制を強く押し出すことができなくなっていた。それは党幹部を含めて自民党議員・候補者の多くが選挙中に農家に迎合するような演説や公約をしていたからであった。佐藤首相でさえも7月2日に選挙演説で訪れた新潟で「農村の人々の努力を考えると、生産者米価ももう少しいいところできまるのではないか」と値上げを示唆する発言をしていた（読売新聞1968年7月2日夕刊）。

7月26日には有志議員（ベトコン議員）が集まる米価対策協議会（米対協）が、衆参230名の議員を集め、前年比＋11.4％の2万1757円の米価を要求する案を提示した。その結果、米価調査会・総務会においても米価調査会で決定した案を党議決定することができず、最終的に「21,000円台を妥当と認め、その確保のため執行部は政府と交渉すべきである」とする決定を下した（読売新聞1968年7月27日）。ベトコン議員の要求に党幹部が押される形になってしまった背景には、同年11月に自民党総裁選が迫っていたため、田中角栄を含む佐藤派議員が反主流議員の意見を無視することができなかったという事情があった（読売新聞1968年7月27日）。

7月25日に始まった政府・自民党間の協議では、政府側は自民党に対して生産者米価は5％上げが限度、消費者米価を8％引き上げること、総合農政を推進し食管制度の改善を図るなどといった方針を示した。これに対して米対協のベトコン議員らは激しく反発し、「政府や党幹部は次の選挙で、われわれ農村議員に全員落選しろというのか」と怒りの声をあげ、「農民の納得のいく米価を引き出すまで死んでもひかない」と政府案に徹底的に抵抗する姿勢を示した（読売新聞1968年7月29日）。そこで政府側は2万595円（前年比＋

5.5%）の生産者米価と出荷調整費60億円さらに農業施設費として120億円を追加する妥協案を提示した。それでも米対協のメンバーらは、佐藤首相が参院選で「米価は自民党が決める」と公約し2万1000円以上の米価とすることを党議決定したと主張して、政府案をはねつけた★10。

合意形成の目途が立たなかったため米価協議を一旦休止して、8月1日から始まる臨時国会終了後に再開することとなった。8月12日に再開した政府・自民党幹部による協議には佐藤首相も加わり、さらに自民党案に歩み寄ることを決め、最終的に生産者米価を2万672円（前年比＋5.9%）とし、特別保管調整費60億円と総合農政推進費120億円を充てることことでようやく合意し、翌日同案は閣議決定された。こうして政府・自民党間の協議は19日にもわたる異例の長さとなり、対応に追われた党幹部からは「『来年からは、こんな米価決定をしたくないねえ』（福田幹事長）、『ことしほど、困難な年はなかった』（田中米調会長）、『ああ、私は貝になりたい』（大平政調会長）」などといった声があがり、米対協のメンバーからは、「党の幹部に裏切られた」という批判の意見が出たという（読売新聞1968年8月13日）。農協の不満も大きく、全中の宮脇会長は政府の決定を「農民不在の農政」と批難し、「食管制度改悪阻止の運動を今後も継続し、さらに運動体制を強化拡充」すると表明した（同上）。西村直己農相は、同年の米価協議が難航したことに触れて「農政全般が転換期にきている」とし、「食糧、とくに米のあり方を考えていくべきであることを痛感している」と政策転換の必要性を述べた（同上）。

余剰米や食管会計赤字の拡大などによって各方面から米価抑制を求める声があがったものの、1968年度の米価協議においても、政府・自民党幹部は農協と農林議員からの米価引き上げ要求に屈する形となり、大幅な譲歩を余儀なくされ想定以上に米価が引き上げられることとなった。しかしこの年の米価協議が政府・党内に未曾有の混乱と対立を招いたことで、政策転換の必要性が強く認識されることとなり、それが翌年度以降の米価政策に大きな影響を与えることとなったのである。

▶1969年

1968年もコメは大豊作で、前年とほぼ同量の1445万トンが生産された。そのため政府の買い入れも当初予定の800万トンをはるかに超える960万トンに達した。食管会計赤字も2415億円に達し、余剰米（古々米を含む）在庫も1969年1月の食糧庁の統計では、569万トンにまで拡大していた（読売新聞1969年1月24日）。これは当時の消費量の半分近くという膨大な量であった。このため前年以上に食管制度の改革を求める声や高米価政策への批判が高まっていた。

こうした状況を受けて政府・自民党は、1968年10～12月にかけて総合農政導入に向けての合意形成に向けた調整を進めていた。1968年10～12月にかけて、全中の宮脇会長と西村農相が会談をおこない、コメの生産調整や自主流通米制度の導入に対して合意した。また自民党でも総合農政調査会を設置し、米価据え置き・コメの生産調整・自主流通米制度導入を了承した。

大蔵省は1968年12月の予算事前調整の段階で、来年度の生産者米価を3%引き下げ、買い入れ量も800万トンに制限したいという意向を表明した。福田赳夫大蔵大臣は、「財政硬直化で財源の苦しい現在では、食管会計赤字に本年度以上の財政資金をつぎ込むわけにはいかない」と述べ、農林省や自民党を牽制した（読売新聞1968年12月11日）。また佐藤首相は1969年1月27日に国会でおこなった施政演説で、国鉄運賃以外の公共料金は「極力抑制することとし、生産者米価および消費者米価を据え置く方針をとる」と明言した（読売新聞1969年1月27日夕刊）。自民党幹部も米価据え置きの方針に同調し、党内合意に向けた調整を始めた。これに対して、自民党のベトコン議員が所属する米価対策協議会のメンバーらは、据え置きは党の決定ではないとして、生産者米価は少なくとも2～3%は引き上げられるべきだと主張した（読売新聞1969年2月9日）。

農協も米価据え置きに反対する声明を出し、政府・与党との対決姿勢を示した。そして5月に入って農協は、前年の生産者米価を16.7%引き上げて2万4132円にする要求を打ち出した（読売新聞1969年5月8日）。さらに農協は6月2日に全国から農家代表14,000人を集めて要求米価貫徹全国農民代表者大会を開催し、米価引き上げを要求した★11。自民党内では総合農政調査会で米価の協議がおこなわれ、2%程度の値上げを求める声と、据え置きやむなしという声が上がった。最終的には6月9日に前年比2.18%増となる2万1090円を要求することを党議として決定した（読売新聞1969年6月10日）。

一方で政府は生産者米価を2万640円とする政府案を提示し、6月4日から始まった米価審議会に諮問した。これは、前年度の米価に含まれていた「もち米加算分」32円を差し引いた額で、実質的には「据え置き」価格であった（毎日新聞1969年6月11日）。この年の米価審議会は、前年の中立米審とは異なり生産者代表と消費者代表を含んでいた★12。米価審議会の答申は、生産者米価の引き上げ・据え置き・引き下げの3つの意見を併記したものであったが、長谷川四郎農相は「答申をみると据え置き論が多数意見とされているので、実質的には政府の据え置き方針が認められたものと考える」と語った（読売新聞1969年6月7日）。この答申を受けて、農相・蔵相・経企長官・官房長官の政府代表と自民党四役が折衝した結果、生産者米価は政府案通り2万640円とし、自民党が要求していた2.18%の引き上げ分（225億円）は「稲作特別対策事業費★13」という名目の補助金として農家に支給することで6月10日に合意し、同日この内容が閣議決定された（毎日新聞1969年6月11日）。自民党内ではこれまでのようにベトコン議員が米価引き上げを強く訴えたが、党幹部と総合農政派がこれを抑え込むことに成功した。こうして前年とは対照的に、1969年の米価は大きな混乱もなく短期間で決着した★14。

こうして8年ぶりに米価据え置きが実現し、総合農政の導入を控えて今後も米価抑制策が続くことが予想されたことで、自民党や農協の内部にも変化が生じた。農協では、米価据え置きの責任をとって全中の宮脇会長を含む役員全員が7月に総辞職する事態となった。宮脇は2週間後に再任されたものの、この辞任劇は米価据え置きに対する農家や農協下部組織の不満の大きさを表していた★15。しかし同時に総合農政に向けた農協幹部の固い決意も窺える。農協幹部としては、食管制度を温存するために米価引き上げ要求は抑制し、生産調整奨励金で農家の所得拡大を目指す方針を貫く決意だった。再任された宮脇会長は農政運動における全中理事会のイニシアティブを強化し、全中理事会を最終決定の場とする意思決定手続きを整備した。例えば、1969年11月6日に全中は都道府県連農協中央会・連合会と合同会議を開き、初めてコメの生産調整に協力する姿勢を示し、「十アール当たり四万円以上」の奨励金を要求することを決定した。さらに同会議では宮脇全中会長が、米価に関して「一方的な米価引き下げ、コメの買い入れ制限には反対する」と発言した(読売新聞1969年11月7日)。注目すべきは、同声明が米価引き上げを要求しておらず、減反に対する金銭的補償を重視していた点であり、農協幹部の方針転換を示唆している★16。また同会議では、一部の地方の農協会長から「中央会は地方の情勢を無視し独走している」と厳しい批判が上がったものの、全中はこうした姿勢を変えることはなかった(同上)。

自民党内では、1969年の米価協議をきっかけに「自民党内ではかつての『ベトコン議員』の総合農政派への転進がさらに進んだ」(辻 1994, p. 406)。そして総合農政派の農林議員らは、「農協の運動転換の方針を受けて、米価引き上げに代わる新たな利益誘導の手段として生産調整のための奨励金に注目し、これによって農村と自民党の関係修復をはかろうとした」(下村2004, p. 1102)。しかし上述のように、米価にこだわり総合農政に反対する自民党議員も依然として存在し、彼らは「日本の農業を守る会」を結成して運動を継続した。これは同年12月に予定されていた衆議院選挙で農村票を失うことを恐れたためでもあったが、「自分の県では(減反を)やらない」と地元農家に約束する議員もいたという★17(読売新聞1969年10月23日)。

しかし自民党総合農政調査会は11月19日に「総合農政実施大綱」をまとめ、次年度は150万トンのコメの減産をおこなう方針を決定した。その後、総合農政調査会は政府に対して生産調整奨励金として10アールあたり3万5000円・総額1200億円を予算に計上することを要求した(読売新聞1969年11月21日)。農協も予算編成にあたって10アールあたり4万円を要求した。次年度予算編成にあたって、大蔵省は生産調整奨励金を10アールあたり2万1000円・総額750億円としていたが、その後の政治折衝の結果、自民党の強い意向を反映して10アールあたり3万5073円・総額814億円が来年度予算に計上され、150万トンの減産が図られることとなった★18(読売新聞1970年

1月31日）。こうして農政運動の焦点は、米価から生産調整奨励金をはじめとする補助金制度へと変化していったのである。

最後にこの年の12月には衆議院選挙が控えていた。米価据え置き方針は農家の間では不評を買い、自民党への支持撤回を公言する農家や農協関係者も多く、自民党では選挙への影響が危惧されていた。しかしフタを開けてみると、社会党が農村で支持を拡大することはなく、逆に44議席を失う大敗を喫する結果となった。この時期の社会党は全日農などの農民組合と連携を続けていた。全日農は例年農協よりも高い水準の米価を要求し、減反にも強く反対していた。社会党の農業政策も全日農の主張とほとんど同じ内容であったが、こうした政策は党勢拡大にはつながらなかった。その後、社会党は徐々に議席を減らし、自民党の政権支配が揺るぎないものとなっていくのである。

▶1970年代の米価政策

総合農政が本格的に開始された1970年の米価協議で農協は、農業資材の価格高騰を理由に引き上げ要求をおこなった。しかしその年の要求運動はさほど激しいものではなく、自制的なものであった。例えば、1970年6月に開催された「食管堅持・米価要求全国農協組合長大会」では、米価引き上げの要求は出されたものの、「いままでのタスキ・ハチマキ姿の『闘争スタイル』は姿を消して」、背広姿の「低姿勢ムード」であったという。さらに「動員数も例年のざっと三分の一」にすぎない約4000人であった（読売新聞1970年6月2日）。そして自民党内におけるベトコン議員らによる米価引き上げ要求は、党幹部と総合農政派によって抑え込まれた。最終的に1970年の生産者米価は前年比41円（0.2%）増の2万681円で決着した。米価は微増にとどまったが、同時に「良質米奨励金」として238億円を支出することも決定された。これは上述のように、農業保護を求める農村・農協からの要請に対して、米価を抑制しつつ補助金で対応するという方針が反映されたものであったといえる。また次年度の予算編成では、生産調整奨励金として10アールあたり3万3000円を支給して230万トンを減産する目標が立てられた。ち

図6.3 生産者米価の推移(1948～1985)

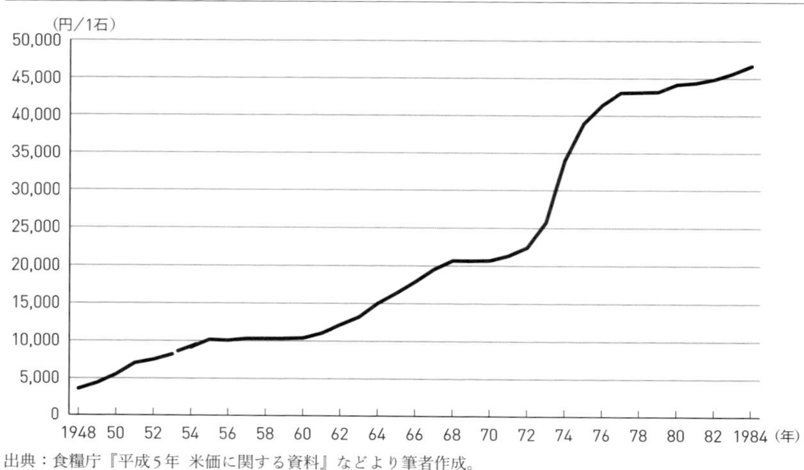

出典:食糧庁『平成5年 米価に関する資料』などより筆者作成。
註:上記のほか、読売新聞(各年)の米価決定に関する記事、日本銀行統計局編(1966)などを参照した。
60kgあたりの価格で提示されたデータは、150kgあたりの価格に換算した。

なみに1970年には余剰米の量が過去最高の720万トンにまで膨れ上がった(これはその後も破られることのない記録的な在庫量だった)。

それにもかかわらず米価抑制方針は、すぐに壁に突き当たることとなる。それは1970年代半ばに賃金水準と物価の急激な上昇が続いたため、米価引き上げを求める声が強まったからである。1971年には年始の施政方針演説で佐藤首相が3年連続の米価据え置きを公約していたが、自民党からの圧力に屈して、結局3%の米価引き上げに応じることとなった(読売新聞1971年5月1日)。さらに1973年から1975年にかけては、石油危機にともない「狂乱物価」と呼ばれる物価高騰が発生し、他産業の労働者の賃金水準も15～26%といった極めて高いレベルで上昇し続けたため、「農工間の所得均衡」の観点から米価引き上げもやむなしという空気が政府・与党関係者間で広がった。その結果この3年間は米価も大幅に引き上げられた(図6.3参照)。

しかしこの3年間を除くと、1970年代の米価の引き上げ幅は概ね抑制的

図6.4 米価・物価・賃金水準変動率の推移（1960～1985）

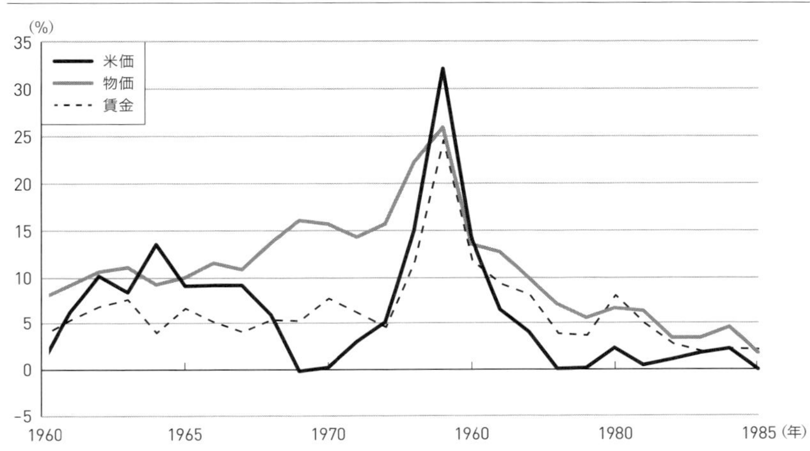

出典：各種データより筆者作成。

註：米価については図7.3と同様。賃金水準は、内閣府ウェブサイト < https://www5.cao.go.jp/j-j/wp/wp-je12/h10_data05.html>, 消費者物価指数は、e-Statウェブサイト < https://www.e-stat.go.jp/stat-search/files?page=1&tstat=000001150147&toukei=00200573&tstat=000001150147>を参照。

に推移し、賃金水準や消費者物価指数の伸びを下回っていた（図6.4を参照）。他方で米価と対照的な動きをみせたのは、減反政策にともなうコメの生産調整費★19であった。減反政策が始まった1969年以降1973年まで1500億円を超えるまで急激に拡大し、狂乱物価によって米価の大幅引き上げがおこなわれた1970年代半ばの期間には反比例するように削減されたものの、その後再び急拡大して1982年には3459億円にも上った（前掲図6.2参照）。同予算も1983年からは縮小していくが、それでも1500～2000億円という巨額の予算が充てられた。

3▸ 小括

1960年代に入って農村と自民党農林議員の連携と利益誘導構造が確立し、米価に関する意思決定メカニズムはボトムアップ方式となったことで、急激な米価の引き上げが続いた。特に1968年の米価闘争においては、過去に例を見ないほどの混乱と対立が生じた。その結果、食管会計赤字と余剰米の保管量が激増し深刻な社会問題となり、政府は世論とメディアからの厳しい批判に直面することとなった。政府・自民党幹部はおろか首相ですら制御が困難となった1968年の米価闘争は正にカオス的な状況を生み出したといえ、農協と農林議員の圧力に晒され続け弱体化していた既存の秩序を決定的に揺るがす事態であった。この「ゆらぎ」の中から生まれた新たな潮流が総合農政であった。それは減反政策と自主流通米制度を導入して米価を抑制することで、食管制度を維持しながらも食管会計赤字と余剰米の問題を解決することを目的としていた。

総合農政の下で1970年代の米価は狂乱物価の時期を除いて比較的抑制的に推移したが、それでも他の農産物やコメの国際価格と比較すると高い水準を保った。その背景には食管制度が維持されたことが指摘される。政府は奨励金を使って減反政策を推進したが、農家のコメ生産意欲は下がらず、余剰米問題は一向に改善しなかった。その後もベトコン議員らは農家や農協地方組織などの声を反映して、米価引き上げ要求を続けた。だが農業における利益誘導の主要な手段は、米価の引き上げから補助金の獲得へと変化した。党幹部と総合農政派議員らは、総合農政の方針に則って減反政策の推進を継続し、多額の生産調整奨励金が農家に支給された。また農業施設などの整備や農地改良あるいは自由化に対する所得補償という形の補助金も拡大を続けた。

米価の高止まりと補助金は兼業農家にとって有利な環境を醸成したため離農は進まず、農業経営規模の拡大も行き詰まった。それゆえ農業の経営強化や効率化といった面では、総合農政は負の効果をもたらす点が多かった。ただ皮肉なことに、兼業化と地方工業化が進展し、兼業による収入が増えたことで、農林省の思惑とは別の形で農工間の所得均衡は達成されることとなった。ともあれ価格支持と補助金を通じて利益誘導がより強固なものとなり、農村における革新野党への支持も縮小傾向となり、強力な正のフィードバック効果が生じ、農政トライアングルがさらに完成した形に発展したのである。

註

★1――同会には、松野頼三（元農相）、永山忠則、中村寅大などがいた（読売新聞1969年10月29日）。

★2――1970年の作付け転換奨励金が10アールあたり3万5073円に引き上げられた結果、転作・休耕希望者が急増し、3月には目標達成の見込みとなった。しかし北海道では目標面積の130パーセントを超える希望者が出た一方で、東北では目標に届かない県が多かった（毎日新聞1970年3月22日）。

★3――自主流通米も当時は農協が独占的に集荷していたため、農協にとって大きな問題となるものではなかった（辻 1994, p. 376）。

★4――農地法の廃止には至らなかったが、田中幹事長の働きかけで1970年には50万トンのコメ減産を口実に、11万8000ヘクタールの農地が宅地化されることとなった（吉田 2012, p. 125）。

★5――こうした意見書は1980年2月に経団連から、また同年6月に経済同友会から提示されていた（読売新聞1980年6月25日）。

★6――米価対策協議会は1979年に「農村振興議員協議会」と改称した（読売新聞1979年7月5日）。

★7――『昭和45（1970）年度 農業白書』には農地保有合理化について、「離農しようとする農家や経営規模を縮小しようとする農家の農地が自立経営を志向する農家等の経営規模の拡大、農地の集団化その他農地保有の合理化に資するようその移動を的確に方向づける」と説明されている（p. 156）。

★8――昭和55（1980）年度 農業白書, p. 229.

★9――例えば、読売新聞の特集記事「世論の広場」には、読者から寄せられた「戦時中の食管制度を今もって存続しなければならない理由は何一つない」といった意見や、食管制度を廃止しても米価は安定できるとして同制度の廃止を「切に要望してやみません」といった意見が紹介されている（読売新聞1968年3月18日）。また読売新聞の社説は、「多くの面で行きづまりにきた高米価政策を、このへんであらためなければならない」、「高米価でなくて、農家所得が確保できる方向への政策転換が急がれねばならない」と訴えた（読売新聞1968年6月11日）。さらに経済同友会の木川田一隆会長は、全中の宮脇朝男会長と1968年6月に懇談し、高米価を招く米価決定法が不合理であるなどと「鋭い批判を浴びせた」と報じられている（読売新聞1968年6月20日）。

★10――こうした反対意見は、中曽根派や三木派など「反主流・非主流の議員がほとんどだった」ため、「『政治闘争』の色合いを濃くしていた」という（読売新聞1968年7月30日）。

★11――同大会では、出席した自民党の根本政調会長が「米価をつり上げるだけで農政問題は解決しない」と発言したところ、「ぶっ殺してやる」とか「だれよりも農民を愛するといったのは、どこの政党だ」などと怒声が起きたという（読売新聞1969年6月2日夕刊）。

★12――審議会では米価に「需給事情を反映」させるという点で、委員が激しく対立し、答申案の作成が長期化した。最終的には、この点についても両論併記の答申となった。

★13――この補助金は当初「米生産の合理化・効率化のため施設・設備の整備、資材の購入その他の事業の実施に必要な財源に当てる」とされていたが、その後自民党側の要求で「米生産者の農薬・肥料等、資材購入に必要な財源として交付する」と修正された（読売新聞1969年6月11日）。

★14――政府が生産者米価を据え置いたものの補助金を支給することとなった点については、読売新聞の社説には「米作農民にばらまかれる零細補助金」であって、「その分だけ実質的には値上げされたに等しい」という批判もあがった（読売新聞1969年6月11日）。一方で2%程度の1年限りの「一時金にとどめたのは収穫」だったと評価する財界の声もあった（読売新聞1969年6月10日夕刊）。

★15――例えば、茨城県農協中央会は、宮脇会長が1970年度に全国一律に10%の作付け調整をおこなうと述べたことに対して「宮脇会長の発言は、組織を無視したもの」という内容の抗議電報を送ったという（読売新聞1969年10月23日）。

★16――また全中は、「それまでの『米価対策本部』を『米穀対策本部』に変更し米『価』偏重を改めるなど、全国農協中央会も総合農政に応じた要求運動への転換を図った」（辻 1994, p. 407）。

★17――こうした自民党内の意見対立に対して、全中の宮脇朝男会長は「農業団体がやる気になっても政府・与党、とくに自民党がまとまらなければできない」と苦言を呈した（読売新聞1969年10月23日）。

★18――生産調整の具体的な計画は、転作・休耕によって100万トン、水田の宅地転用で50万トンを減産することとされた。

★19――コメの生産調整費の名称は、「稲作転換対策」（1971～1975年）、「水田総合利用対策」（1976～77年）、「水田利用再編対策」（1978-1986年）などと頻繁に変更された（稲熊 2014, p. 37）。

終章

農政トライアングル形成の自己組織化

本書では戦前から1970年代にかけて戦後日本の農政の基盤となる政策や制度が築かれてきた背景を探り、農政トライアングルが形成された過程を明らかにしてきた。終章では、まず自己組織化の概念を応用して、農政トライアングルが形成されたメカニズムの理論的な説明を試みる。次に農政および日本政治研究における因果推論に関する問題について議論し、過程追跡に基づく因果メカニズムの解明の重要性について指摘する。最後に、本書で得られた知見と含意を基に、農政トライアングルが今後どのような展開を迎えるのかといった点についての考察をおこない、日本農業の将来について議論を展開して本書を締めくくる。

1▸ 自己組織化する利益誘導構造

1945年から1970年代にかけて日本農業は劇的な変化を遂げ、農政トライアングル形成の必要条件が段階的に揃っていった。そして同時にそれは、農政トライアングルの自己組織化が進行するプロセスでもあった。ここでは自己組織化の過程を3段階に分けて説明する。

▸第1段階

戦前の農村には広大な農地を保有する大地主、中小地主、中小の土地持ち自作農、小作農など多様な農業経営体が存在し、地主層と小作層との間では激しい対立が生じていた。政治的にも、保守政党（特に政友会）と連携した地主層と、左派系の農民組合に組織された中小農・小作農とに分かれていた。しかし農村は終戦後の短期間で劇的な変化を遂げた。農地改革によって地主制が徹底的に解体され、農家の多くは農協を通じて米価闘争などで一体的な政治運動をおこなうようになった。こうした農村の変化は、同時に農政トライアングル形成の最初の2つの必要条件（①農村の均質化、②農協による政治動員）が整っていく過程と連動しており、利益誘導構造が自己組織化する第1段階となる環境を醸成していた。

第二次農地改革（1946〜48年）によってほとんどの農家が小規模自作農となり、農村コミュニティが均質化したことで農村内の対立は解消された。そして農地が細分化・小規模化されたことで、多くの農家は自立したものの経済的に脆弱化したため、政府の保護（価格支持・補助金・保護関税など）を求めるようになった。また1947年の農協法制定によって農協が設立されて、戦前の農業会と同様の権限や機能が農協に付与された。さらに1954年の同法改正によって農協全体を指導する中枢組織である全中が設立され、農協組織の中央集権的な主導体制と政治的機能が強化された。1958年ごろまで農協は財政危機に苦しみ、政治活動にも支障をきたしたが、その後は全中を中心として全国的に政治活動をおこなうようになった。そして効果的な活動戦略を導入するなどして、政府・自民党に対する影響力を強化していった。こうして最初の2つの必要条件が整った。

このような劇的な変化を農村にもたらした要因の1つは、戦後になって外部への開放性が高まったことであったと考えられる。伝統的に閉鎖的なコミュニティであった日本の農村は、戦後になって外部からの様々な影響に晒されるようになった。例えば、農村の「民主化」を模索するGHQからは、制度改革への政治的圧力を受けた。他産業からは労働力を引き抜かれ、収入格差の拡大という経済的圧力を受けた。また国内外の市場からも、農産物の価格変動や自由化・規制緩和・輸入品の増加などといった競争圧力を受けた。農協も他の農業団体との政治的競争に晒されたり、経営危機という経済的リスクにも直面した。こうした外部からの圧力と刺激の高まりに反動するように農家と農協は政治活動を活発にし、農村に政治的なエネルギーが蓄積されていった。戦前の農村も市場経済に組み込まれたり、景気の波に晒されたりといった外部からの影響はあったが、戦後に比べるとかなり閉鎖的な状態であった。戦前の農村で政治的エネルギーの蓄積が限定的であったのは、そのためであると考えられる。

戦後の農村における政治的エネルギーの蓄積は、農家と農協にある種の行動パターンを生じさせた。毎年繰り返された米価闘争をはじめとする農政活動に従事することで、農家と農協は基本的にこれらのパターンに沿って行動するようになった。農地改革後の農家の行動パターンは、「農協の指導に従い、保護政策を希求すること」であった。農家がこうしたパターンを持つようになったのは、農地改革によってほとんどの農家が小規模自作農となったことで、零細経営にともなう経済的脆弱性から、政府の保護政策に頼らざるを得なくなったからであった。また農協への依存度が高まったのは、戦後になっても食管制度が撤廃されず、農協法によって農業会の組織・機能が継承されたことで、農家に対する農協の経済的影響力が維持されたからであった。さらに農地改革後に農民組合の求心力が失われ、その後も全国農業会議所が弱体化したことで、農村における農協の政治的影響力が突出して大きくなった。こうした歴史的展開の結果として、農協に依存する農家の行動パターンが形成されたのである。

農協が持つようになった行動パターンは、「農村全体を政治的に動員し、保守政党に支持を集める代わりに保護政策(特に食管制度)の維持を要請すること」であった。農協にとって一番の脅威は、農協が発足当初に経験したような財政危機に直面することと、対抗する農業団体が勢力を拡大することであった。農協の農村における権益を確実なものにするためには、食管制度を堅持する必要があった。食管制度は農協の農村経済における独占的な立場を強固にし、莫大な手数料収入をもたらした上に、農林中金への預金を拡大する効果もあった。これは農協から農家へ支払われるコメの買取代金などが、農林中金の口座に振り込まれるようになっていたためである。また各種補助金も同様に農林中金の口座に振り込まれていた。これらの理由から、1950年代に保守政党と農林省が食管制度を撤廃する方針を掲げると、農協はこれを阻止するために全力で反対運動を展開した。また同様に農業団体再編成の動きにも激しく抵抗し、全国農業会議所の台頭を未然に防いだ。

1950年代の保守政党は、米価抑制政策を推進したり、大豆などの自由化を進めたりと、農協の利益にそぐわない政策を追求した。しかし保守政党による政権支配が続いたため、農協は選挙において基本的には保守政党を支持せざるを得なかった。一方で農協は保守政党の農業政策を全面的に受け入れた訳ではなかった。農協は保守政党内で農協の声を代弁する農林議員との連携を深め、さらに効果的な活動戦略を導入することで政治的影響力を拡大し、農家と農協の利益を反映した政策を強く要求した。そして1960年代に入ると、こうした活動はいくつかの成功につながった。その結果として、農協は農村の政治動員に力を注ぎ、自民党への働きかけを通じて保護政策の導入・維持を追求し続けることとなった。

▶第2段階

しかし1950年代後半の時点では、自民党幹部と農林省は依然として農業保護を抑制する政策を志向していた。そして自民党内ではトップダウン型の政策決定がおこなわれ、農林議員の影響力も限定的であった。すなわち農政トライアングル形成の必要条件である③保守政党と農村の密接な連携と④農林省による農業保護政策の積極的な立案はまだ満たされておらず、農林省と自民党の行動パターンもその後のものとは異なっていた。言い換えると、保護政策を要求する農村と、財政支出の抑制を志向していた政府・与党との間に対立（つまり「非均衡状態」）が生じていたと言える。

この非均衡状態が拡大するにつれて、農村サイド（農家・農協・農林議員）と政府・与党サイド（自民党幹部・農林省）は、米価決定過程などにおいて毎年激しく対立して大きな混乱が発生し、首相や党幹部でも対処できないほど激烈な政治的エネルギーの衝突をもたらした。すなわち農政は臨界状態に達しつつあり、既存の政策決定過程には収まりきれない「ゆらぎ」が生じていた。

そしてゆらぎの状態から新しい局面を生み出したのは、1961年の農業基本法の制定であった。同法が農工間の格差解消を政策目標に掲げたことによって、政府・与党は米価を引き上げて農家の所得拡大をおこなわざるを得ない状況が生じ、米価決定過程において農林議員と農協の影響力が大幅に拡大した。党幹部は農林議員からの反対意見を制御することができなくなり、彼らの要請を受け入れ譲歩を重ねることが常態化した。そして農業関連の政策過程はボトムアップ型に変化し、農政に新たな流れが発生したのである。

その結果、自民党の中にも1つの行動パターンが形成されていった。それは「財政的な許容範囲内★1で、農協・農家が求める保護政策の立案を農林省に促すこと」であった。米価闘争の例で言えば、党幹部は拡大する食管会計赤字を危惧し、米価の抑制を望んでいたものの、農林議員との党内協議が決裂する度に、農林省に可能な限り米価引き上げを受諾させ、さらにそれを正当化する米価算出をおこなわせるようになった。こうして自民党と農村の密接な連携が生まれ、不完全な形ではあったが農政トライアングルが機能し始めたのである。

保護政策を求める圧力が高まるなかでも農林省は、最後まで農林議員と農協に抵抗を続けていた。そしてそれは、同省が当時は経済合理主義を政策理念としていたからであった。経済合理主義は、農業経営の大規模化や生産性の向上などを通じて農業収益の拡大を図るもので、保護主義とは相反する理念であった。しかし増え続ける食管会計赤字と余剰米の問題を解消すべく1969年に導入した総合農政によって、農林省も保護政策を受容する姿勢をとるようになった。すなわち農林省が積極的に保護政策を立案するようになったのである。総合農政においてはコメの生産調整をおこなうために農家に補助金を支給する方針が採用され、食管会計赤字と余剰米の削減が図られた。同政策は農林省が立案したものであり、コメ農家や地域農協の多くが強く反対する政策であったことを留意する必要がある。農業保護政策や農政トライアングルの形成は、全て農村の要請がもたらしたものという訳ではなく、構成者間の相互作用がもたらしたと考える方が正確である。そして総合農政の導入後は、食管制度の撤廃は議論されなくなった。こうして「食管制度を維持しつつ、補助金を使って減反を行うこと」が、農林省の行動パターンとなった。そしてそれは農政トライアングルにおける利益誘導行為が、スムーズに循環することを可能にしたのである。

▸第3段階

食管法・農地改革・農地法・農協法・農業基本法・総合農政といった様々な農業政策が導入されて、農家・農協・自民党・農林省が各自の行動パターンを持つようになり、その後はパターンにそった行動を繰り返すようになった。その結果として正のフィードバック効果が発生した。

農家は農産物の価格維持や補助金や保護関税によって保護されることで、こうした政策に依存する傾向が強まり、さらに経済的脆弱性も高まった。農協は政治運動の成功によって、他の農業団体を圧倒し、農村での政治的・経済的影響力を拡大して、より強力な圧力団体となった。そして農家と農協はさらなる保護政策を希求して活発な政治活動を続けた。自民党は党内で農林議員の影響力が高まり、農村との連携を深めていった。また農村部の選挙区で安定した支援を得ることで、一党支配を強固なものとしつつ、同時に農村票への依存も強まった。農林省は一党支配を続ける自民党との関係を深化させ、減反政策を推進するために積極的に補助金制度などを利用するようになった。また天下りなどを通じて農協との連携も深まった。こうした変化は、各構成者が農政トライアングルを維持するインセンティブを強化した。

これと同時に、自民党・農林省内の市場志向型政策を支持する勢力は、農政に関する政策決定過程において影響力を失い、農政の改革はますます困難になっていった。また社会党が農村での求心力を失ったことで、自民党の一党支配はさらに揺るぎないものとなった。こうして農政トライアングルは極めて強固で排他的な構造に進化し、その後数十年にもわたって農業関連の政策決定過程に支配的な影響を与え続けることとなったのである。

しかし農政トライアングルには、負のフィードバック効果といえる影響を与える存在もあり、保護政策の拡大に一定の歯止めをかけていた。例えばマスコミは、拡大し続ける食管会計赤字や補助金を厳しく批判し、農政の改革を訴え続けた。特に読売新聞は1960年代から70年代にかけて厳しい農政・農協批判を繰り広げ、農協による不買運動を招いたこともあった。農政改革を促す声は財界からも上がり、大蔵省も予算編成にあたって農林省に対して常に補助金削減の圧力をかけていた。さらに海外からの自由化圧力も拡大し、1980年以降はアメリカなどから日本の保護関税撤廃要求が高まった。しかしこれらの抑制効果は限定的で、利益誘導の大きな流れを変えるほどの影響力はなかった。むしろこうした外部からの圧力は、農政トライアングル構成者の結束を強める効果もあったといえる。

以上のような複雑な過程を経て農政トライアングルは自己組織化し、正のフィードバック効果の影響で利益誘導行為が長年にわたって循環するようになったのである。保護政策が農政トライアングルを強化し、さらなる保護政策を誘導するというこの流れは、第1章で提示した図1.1（45ページ参照）における②と③の因果効果の循環に相当する。このようにしてみると農政トライアングルは固定化した構造ではなく、利益誘導行為と因果効果の循環によって形成された流動的な構造であったということがわかるだろう。またその形成過程も一挙に完成されたものではなく、まず1960年代初めに不完全な形で機能を始めて、1970年代初めになってより完全な形に発展したという漸進的な過程であったということも示唆される。

農政トライアングルが誕生したタイミングについては、それが完成した1970年代とみるべきという見解もあるかもしれない。しかしそれでは、1960年代に農協・自民党・農林省の間で利益誘導行為がおこなわれるようになり、それが農業政策に大きな影響を与えていた事実を看過することになる。1960年代初めに農政トライアングルが誕生し、その後不完全な形ではあったが利益誘導行為が繰り返され、約10年の時をかけて完成されたというのが、筆者の見解である。

これを生物の誕生に例えるなら、卵から幼鳥が孵化したのが1960年代初めといえる。幼鳥は産毛に包まれていて飛ぶこともできないし、成鳥とは見た目や運動能力が異なる未成熟な状態である。しかし鳥として誕生したタイミングとしては、卵から孵化した時点とすることが自然であろう★2。そして成鳥と同じ姿に成長して巣立ったのが、1970年代初頭といえる。さらに言えば、卵の中で胚から雛に生育した過程が終戦から1950年代にかけての時期だったということができるだろう

2 ▸ 農政に関する実証研究

▸ 農政研究の空白

序章でも触れたように、鉄の三角同盟がもたらした影響に関する研究は国内外に数多く存在するが、本研究のように鉄の三角同盟そのものに関する研究は驚くほど少ない。この理由は主に2つ指摘することができる。第一に、既存研究の多くが政党や政治団体などの利益や利害関係に注目して分析をおこなうアプローチをとっているからである。そうしたアプローチでは農政トライアングルのような構造的要因は所与のものとして扱われるため、農政トライアングル自体は研究対象とはされてこなかったと考えられる。

第二に、鉄の三角同盟論が一見すると農政トライアングルの全てを論理的に説明しているように思われるからである。「なぜ農政トライアングルが『存在』するのか」という問いについては、農協（農村）・自民党・農水省の3者の間に生じた利益誘導行動の帰結という仮定が立てられる。そしてこれを応用して、日本の農業政策の特徴（貿易保護・価格支持・補助金制度など、あるいはそれらが長年にわたって維持された理由）が説明される。この議論は非常に応用性が高く、説得力がある（ように感じられる）ため、農政トライアングルがもたらす影響（因果効果）にのみ研究者の関心が集中し、農業政策を別の角度から分析することを阻害してきたように思われる。しかし前述のように、実際には鉄の三角同盟論には限界があったり矛盾する点が多く、そうした問題を回避しつつより説得力のある説明を提示するには、歴史的背景や地域的多様性などを考慮する必要がある。

鉄の三角同盟論に基づいた研究においては、「農政トライアングルがどのように形成されたのか」（あるいは「なぜ農政トライアングルが『形成』されたのか」）という問いは、ほとんど重視されることはなく、ゆえにそれに対する明確な

答えは提示されてこなかった。本書も農政トライアングルが「存在」するためには、利益誘導がもたらす正のフィードバック効果が不可欠であったことを否定しないが、その「形成（自己組織化）」をもたらしたものは様々な歴史的背景から発生した農業政策であったと主張する。本書が提示した農政トライアングルの形成についての知見は、農政研究および日本政治研究の空白を埋める重要な発見であるといえるだろう。

▸過程を分析する意義

本書においては、農政トライアングルがもたらした因果効果ではなく、その形成過程に焦点を当てて議論をしてきたが、ここでその意義について改めて確認しておきたい。社会科学の研究では、原因（独立変数）と結果（従属変数）の間にある因果関係を解明することが最大の目的とされる。そして原因が結果に与える影響（因果効果）を分析する研究が重視されている。そうした研究の問い（リサーチ・クエスチョン）は、「how（どのようにして）」ではなく、「why（なぜ）」で始まる問いを設定すべきであるとされる（キングほか 2004、伊藤 2011、久米 2013）。これは「how」で始まる問いに対する答えが、研究対象となる存在や現象に関する記述（description）に留まり、因果関係の分析（analysis）にはつながらないと考えられているからである。

例えば伊藤（2011）は、社会科学の研究においては「『なぜ…なのか』という問い」を立てることの重要性を強調する（p. 19）。その理由として「このタイプの問いに答えることが、社会科学の実証的なリサーチで最も多くおこなわれていることであり、『なぜ』の疑問を解き明かすこと――因果関係の探求――は、社会科学が得意とするところ」であるからと説明している（p. 16）。また久米（2013）は、「how」の問いに答える記述に関して「因果関係を推論する前提となる」ものとして、因果関係の分析の前段階の作業であると位置付けている（p. 61）。同様にキングほか（2004）も、記述（あるいは「解釈」）といった作業について「実りある問いを立てるための過程」と捉え、その「重要性を軽視するつもりはない」（p. 45）としつつも、因果的推論および因果効果の測定こそが社会科学の最大の目的であるとしている。

既存の農政研究でも、「なぜ政府は農家を保護するのか」や「なぜ政府は農業市場の自由化に消極的なのか」といった問いが立てられ、その原因として農政トライアングルに注目が集まり、それが農業政策に与える影響（因果効果）が詳細に検証されてきた。こうした研究においては、原因と結果の間に因果関係があるか否かという点に注目し、様々な形で検証がおこなわれた。それらが農政および日本政治研究の発展に大きな貢献をしたことに疑う余地はない。本書も「why」で始まる問いの重要性に異論があるわけではなく、本書でも農政トライアングルに関連した因果関係の解明を試みている。例えば、「農政トライアングルがなぜ『形成』されたか」、または「農政トライアングル形成の必要条件が整ったのはなぜか」といった問いに対する答えを提示した。

しかし本研究が最も重視したのは、農政トライアングルが形成された過程（因果メカニズム）の解明であり、「how」で始まる問いであった。すなわち「農政トライアングルはどのようにして形成されたのか」という問いの検証である★3。本書が過程の解明を重視する理由は、農政トライアングルの因果関係が「Xという要因の存在がYという現象を生じさせた」あるいは「Xの効果がある場合、Yの値が○○％増加する」といったような単一的なものではなく、様々な要因が長期間にわたって相互に作用し続けたことによって形成された極めて複雑な因果関係だからである。

因果メカニズムや行為者間の相互作用に焦点をあてるアプローチに比べて、今日の政治学で主流となっている因果効果に注目したアプローチの方がより「科学的」なのだろうか？　筆者の答えは「No」である。序章でも言及したように、非線形力学・量子力学・進化生物学・医学といった自然科学の分野では、自己組織化の概念を応用した先進的な研究が一般的におこなわれている。それはこうした分野で扱われる研究対象の多くが、単一の因果関係で説明できるものではないからである。したがって「why」で始まる問いに対する答えは容易に出せない、あるいはそれがあまり意味を持たないのである。

例えば生物学者の福岡伸一は、蝶の完全変態を例に挙げて「なぜ蝶はかくもみごとに変身するのか」と問いつつ、「実は生物学は『なぜ』に答えることができない。答えうるのは『いかに』という問いのみ」と述べている。強いて「なぜ」に答えるとすれば、「生物のなぜに対する答えはひとつ」だけで、進化論の観点から「それが生存に有利だったから」となるという（福岡 2015）。「why」の問いは「適者生存」でほとんど説明され、だからこそあまり意味が無いのである。それゆえに「how」の問いが重要なのである。つまり蝶が周りの環境や他の生物からどのような影響を受けて、どのように完全変態のメカニズムを獲得したかといったことを解明することこそが重要なのである。農政においても、農政トライアングルが保護政策をもたらしたという単一的な因果効果だけに注目していては、重要な因果メカニズムを明らかにすることはできないのである。

そして歴史学者の多くにも同様の主張がみられる。遅塚（2010）は「歴史的事象について、複数の原因を切り離して、一対一の因果関係の立証が可能かと言うと、（中略）これがなかなか困難なのである。単一の因果関係の立証がある程度まで可能なのは、同様な事象が繰り返し生起している場合である」（p. 394）と述べている。また、「事件史や文化史、特に事件史は、一回限りの事象を取り扱い、そこでは繰り返しという追試験の代替物を利用できないのであるから、そこでは単一の因果関係の立証（必然性の論証）はほとんど不可能なのである」（p. 396）としている。したがって歴史学の研究は単一の因果関係を提示するよりは、歴史的事象の背景にある様々な要因の相互的かつ双方向的な繋がり、つまり「相互連関」を叙述的に説明することを研究の主要な目的としている。ギャディス（2003）も、「我々（歴史学者）にとって、特定の変数に固執するよりも、変数間の相互の結びつきこそが重要なのである」と述べている（p. 210）。また遅塚（2010）は、歴史学における因果関係の想定という「歴史認識の中枢的作業の内容は、結局、複数の原因の複合的作用を容認し、かつ、その複数の原因のそれぞれについて蓋然性を主張するにとどまる」と結論づけている（p. 428）。政治学の分野では選挙や国会審議のように繰り返し生起する事象もあり、単一的な因果関係を抽出できる可能性もあるが、それでも社会的・歴史的事象の複雑性を考慮すれば、因果推論には慎重な熟考が欠かせない。

その他にも筆者が「how」の問いを重視する理由は、複雑な過程や因果メカニズムを無視した議論には、いくつかの深刻な弊害が生じるからである。以下では3つの点に注目して説明する。

▶双方向の因果関係

その弊害の1つは、農政トライアングルと農業保護政策の間の因果関係の方向（ベクトル）を誤解してしまうことである。本書第1章で示したように、戦前には農政トライアングルが存在していなかったが、政府はすでに様々な保護政策を導入していた。そして戦前と終戦直後に導入された保護政策が、農政トライアングルの形成に大きく貢献した。農政トライアングルが誕生したことで、農業政策はより保護主義的な性質を強め、農政トライアングルをさらに強固なものとした。「卵が先か、鶏が先か」という議論があるが、保護政策と農政トライアングルに関して言えば、明らかに保護政策の方が先であった。さらに農政トライアングルが誕生した後は、そのベクトルが逆にも働くようになったのである。つまり両者の間の因果関係は、循環するもの、あるいは双方向性を持つものなのである。こうした知見は、農政トライアングル形成の過程を解明することで初めて得られるものである。

こうした双方向の因果関係は、上述した歴史学者がいうところの「相互連関」に相当するものである。それは、X→Yという一方向的な因果関係ではなく、a⇄bさらにはa ⇄ b ⇄ c ⇄ … ⇄ nというような複数の要因の双方向性の相互作用を指す。こうした関係性にある複数の要因は、「どちらもが同時に原因でもあり結果でもあるという関連」が想定され、「あえて単純化すれば、相乗効果のようなもの」と考えられている（遅塚2010, p. 428）。政治学者の中には、因果関係に双方向性を想定することで「内生性の問題」が生じるため、可能な限り避けるべきであると主張する者もいる（キングほか2004, p. 129）。しかし相互連関は決して珍しいものではない。生物の「共進化」と呼ばれる現象は、その典型例である。例えば、アフリカのサバンナ地帯に住むガゼルなどの草食動物とその捕食者であるチーターは、互いに生存のために極端に速力を高める形で進化した。片方の進化が、もう片方の進化を促すといった相互作用が共進化をもたらしたのである。同様の例は人間社会でも見られる。例えば、静音性や隠匿性を高める潜水艦と探知能力を高める対潜哨戒機の共進化などがある。そして本書が示したように農政の例でも、相互連関を無視したアプローチでは、体系的な説明や正しい理解は得られないのである。

▶起こり得た別の可能性

因果メカニズムを軽視すると生じる2つめの弊害は、なぜ農政における利益誘導が現在の姿でおこなわれるようになったのかという点を明らかにできないことである。1960年代に起こった農政トライアングルの形成は、決して当然の帰結という訳ではなく、これとは全く別の構造に発展する可能性も十分にあった。1940年代後半の時点では、少なくとも3つの可能性があったといえる。なぜ別の形の利益誘導は生じなかったのかという点は検証されなければならないし、それには長期的な視野からの歴史分析と反実仮想分析が不可欠である。反実仮想分析とは、起こり得る可能性はあったが、現実には起こらなかった状況について分析をおこなうものである。もし別の展開が生じていたらと仮定して、事実に基づいた歴史分析とは別の視角から検証をおこなう一種の思考実験ともいえる。こうした多角的な検証をおこなうことで、より緻密で堅牢な分析をおこなうことができる。

起こり得た可能性の1つは、戦前の状態に回帰するというものである。つまり旧地主層が強制買収された農地を奪還して地主制を復活させ、農会のような団体を通じて保守政党と連携して再び農村内の主導権を握るというものである。実際に農地改革の際には、旧地主の団体が行政訴訟を起こして改革に抵抗したり、農地の買い戻しを図ったりした。また農業団体の間でも、旧農会系の団体と旧産業組合系の団体による主導権争いが起こり、旧農会系の全国農業会議所が政治家に働きかけて、農業団体の再編成を図った。こうした活動によって農地改革の遂行が阻害され、農地法が制定されなければ、地主制が復活して農村の均質化は実現しなかったかもしれない。そして復活した地主層が全国農業会議所を通じて、農協から農政活動の主導権を奪っていれば、農村全体を政治動員するような組織は生まれなかったかもしれない。戦前の地主層の政治的影響力の強さと、保守政党との深い関係を考えると、こうしたシナリオは十分に起こりえた。

2つ目の可能性は、均質化した農村が左派系の農民組合によって動員され、革新政党の支持層となるというものである。戦前の農村の多数派であった小作農や中小農は、農民組合とのつながりが深く、1950年代後半までは革新政党への支持も高かった。そのため内紛や分裂などを起こしていなければ、革新政党が農村との連携を確立することもあり得ないシナリオではなかった。ドーア(1965)が指摘するように、戦後になって農家の兼業化が拡大したことで、産業労働者でもあった兼業農家の支持が革新政党に集まる可能性は十分にあった。そうなっていれば、革新政党が農村で支持基盤を拡大し、再び政権を奪取した可能性も否定はできない。実際に北欧諸国では、こうした労働者と農業者の政治的連合である「赤と緑の同盟」が誕生し、福祉国家の形成につながった。

3つ目の可能性は、政府・自民党幹部が農政の主導権を握り続けるというものである。農政における利益誘導が活発化したきっかけとなったのは、農業基本法の制定であった。しかし農業基本法の政策目標を、農工間格差解消という相対的なものではなく、農家の収入増という絶対的なものにしておけば、その後の展開も違ったものになっていたと考えられる。つまり毎年2桁成長を続けていた産業労働者の賃金水準を基準にするのではなく、前年度の農家の収入を基準にし、それを着実に毎年増やしていくという目標である。それであれば、米価引き上げを求める農協や農林議員を政府・与党幹部が収拾できない事態を招くことはなかったであろう。そして農業政策の決定過程もトップダウン型が継続し、農政トライアングルの形成が起きなかった可能性もある。

本書における過程追跡でみてきたように、これらの可能性をなくしたものは、地主制復活を阻止した農地法の制定、全国農業会議所の台頭を防いだ農業団体再編成問題での農協の抵抗とその成功、農村と革新政党の連携を妨げた革新政党・農民組合の分裂（さらに自民党による政権支配）、農協と農林議員の影響を拡大した農業基本法案の修正などが指摘される。こうした知見は、歴史的分析を通じた過程追跡によってのみ提示できるものであり、対象期間の短い研究では得られない。

このような別のシナリオの存在を考慮すると、鉄の三角同盟論の不十分さが再確認される。保守政党・農林省・農協といったアクターが利益誘導行為をおこなった結果、鉄の三角同盟が結成されたとする仮説は、なぜその他の形（例えば、保守政党・農林省・全国農業会議所、あるいは革新政党・農林省・農民組合）で利益誘導構造が形成されなかったかという点を説明していない。それを明らかにするには、利益誘導行為だけに注目するのではなく、やはり鉄の三角同盟が形成された過程を追跡し、因果メカニズムを明らかにしなければならない。すなわち「農政トライアングルはどのように形成されたのか」という問いを分析することが不可欠なのである。

▶体系的な説明の重要性

因果メカニズムを軽視することの3つ目の弊害は、直接的な原因のみに注目して全体像を見失い、体系的な説明ができないことである。この点について、ここでは自己組織化の例を使って説明を試みる。自己組織化の例として、アメリカ西海岸で頻発する山火事がある。カリフォルニア州などの森林では、他の地域よりも頻繁に山火事が発生し、特殊な生態系を形成している。こうした構造が生まれたメカニズムは、自己組織化の観点から次のように説明されている。カリフォルニアの山岳部には、乾燥した森林地帯が広がっている。こうした森林では、乾燥のため微生物の活動が活発ではなく、倒木や落ち葉があまり分解されないため、可燃性の有機物が堆積される。そして近隣のネバダ州やユタ州の砂漠地帯から乾燥した季節風（サンタアナ風）が秋から冬にかけて吹く。そこに落雷や失火や水滴レンズなどといった偶発的な原因で発火すると、大規模な山火事が発生する。

火事によって有機物が分解され、植物の栄養となり森林が復活すると、また可燃性の有機物が堆積する。さらに、この地域にみられる一部の樹木の種子は、火事の際に高温に晒されることで発芽する性質を持っているため、鎮火した後に森林が再生されやすく、火事が起こりやすい環境を再形成するメカニズムを備えている。こうして生まれた循環が、1つの生態系を構成しているのである。

個々の山火事がなぜ起きたのかという問いは、その直接的な原因（落雷や失火など）だけでも説明できる。しかしそれでは山火事を繰り返し発生させる全体のメカニズムを体系的に理解することはできない。カリフォルニア州のケースでは、季節風が作り出す乾燥した環境、乾燥と山火事に順応した植物の進化、可燃性有機物の堆積などが正のフィードバック効果を生じさせ、山火事が発生しやすい構造を自己組織化している。当地で山火事が頻繁に発生する背景には、こうした複雑な構造がある。さらに近年では、人間が山火事の消火をおこなった結果、樹木の密度や有機物の堆積が高まり、より大規模な山火事が起こりやすくなっているという（Simon 2021）。これは人為的な消火活動が正のフィードバック効果を増大させていることを示唆しており、こうした知見も山火事の複雑な構造を理解してはじめて得られるものである。

農政トライアングルのケースにおいても、各構成者の利益誘導行為のみに注目していては、いつ・どのようにして農政トライアングルが形成されたのか、なぜ構成者間で対立が生じていたのに利益誘導構造が発生したのか、なぜそれが意図せざる形で形成されたのか、なぜ長年にわたって維持されているかといった点は説明できない。利益誘導行為自体は、落雷や失火など山火事の直接的な原因と同様に、正のフィードバック効果を生じさせる要因の1つでしかなく、農政トライアングルの複雑な全体像を正しく理解するには不十分なのである。

本書で提示した自己組織化の概念を使った分析手法は、他の政治的・経済的現象の分析にも応用が可能であると考えられる。例えば、建設・商工・医療・原子力などといった他の分野における鉄の三角同盟については、同様の研究をおこなうことができる★4。他にも企業や議員の系列システム、あるいはネットやSNS上での世論や言説の形成（ポピュリズムや右傾化・左傾化現象など）のようなインフォーマルな相互関係によって成り立つ構造の検証においても、自己組織化の概念は有用であろう。またフォーマルな制度でも、政府機関の中央・地方関係や政党組織の離合集散や大都市の形成などといった現象は、偶発的要素に左右されて意図せざる帰結を生み出すことが多々あるが、こうした分野の研究にも応用が期待できる。

▶政策理念の影響について

前著『農業保護政策の起源』において筆者は、小農論と呼ばれた農林官僚の政策理念（アイディア）が戦前の農業政策・制度を形成した過程を構成主義制度論に基づいて明らかにした。実は本研究においても、当初は政策理念に注目する構成主義的な分析手法を応用する構想であった。しかし研究を進める中で、方針転換の必要性を認識することとなった。それは、農政トライアングルの形成過程において農林官僚の政策理念の影響は限定的であったことが明らかになったからであった。ここでは、本書において構成主義制度論を使わなかった背景について簡潔に説明したい。

戦後農政において、農林官僚の政策理念が重要でなかったという訳ではない。終戦直後の政策立案においては、政策理念が大きな影響を与えていた。例えば、農地改革関連法・農地法・農協法に関しては、小農論の重要な構成要素であった自作農主義・協同主義などの理念が色濃く反映されていた。これには、和田博雄や東畑四郎などといった戦前からの農林官僚がそれらの立案に携わったという背景がある。また農政トライアングルの形成に決定的な影響を与えた農業基本法の制定にあたっても、農林官僚らが経済合理主義に基づいた立案をおこなった。しかし農協や農林議員らからの圧力によって、同法の内容は保護主義的なものに修正を余儀なくされた。そして、それは農林官僚の理想とは相反するものであった。

では農政トライアングルの形成過程において、農林官僚の政策理念の影響が限定的であったのはなぜか？　この理由は、戦後になって農政に関する不確実性が軽減されたことで、各行為者が自らの利益・政策選好を明確に認識するようになったからだといえる。戦前においては明治期における市場経済の導入や、大正期における金融不況や小作争議の影響、昭和初期における戦時経済体制の構築などによって、農政は常に不安定な情勢に晒され、不確実性が非常に高い状態にあった。そして各農業団体や政党政治家は、危機に対応する政策知識を持たず、自らの政策選好についてもはっきりと認識していなかった。そのため政策の立案と運用は農林官僚に一任され、彼らが主導することを許された。

不確実性が高い状況で政策立案をおこなう場合に政策立案者は、何らかの政策理念に依拠して問題認識・政策選好を理解し、それに基づいた政策決定をおこなう傾向がある。そのため戦前には、農林官僚の政策理念であった小農論が農業政策に重要な影響を与えたのである（佐々田 2018）。また終戦直後の時期にも、未曾有の食糧危機や占領下での改革遂行などによって極めて混乱し不確実性の高い状況にあったため、農林官僚の政策理念の影響が強かったと考えられる。

ところが1940年代後半に農地改革が終了し、農協法が制定されて、1950年代半ばごろになると、食糧供給も改善して農業を取り巻く環境も安定するようになった。さらに自民党による一党支配が確立すると、政権交代や革新政党の勢力拡大などといった不安定要素もなくなり、より不確実性が低い状況となった。その結果、農政に関わる各構成者も自らの利益や政策選好をはっきりと認識できるようになった。例えば、徹底した農地改革が遂行され、ほとんどの農家が土地持ち小規模自作農となったことで、農家は価格支持や補助金などといった政策を選好するようになった。農協にとっては、脆弱な農家（農協の組合員）が数多く存在し、食管制度を通じて経済的利益を享受できる現状を維持することが重要であった。自民党の農林議員は、農家・農協が要求する保護主義政策を実現して農村票を得るために、自民党幹部に圧力をかけることが、彼らの政治的利益を拡大すると考えるようになった。一方で、自民党幹部は財政均衡や物価抑制といった点を重視し、保護政策には消極的な姿勢をとっていた。農林官僚は農業の競争力強化や経営改善を目的とした経済合理主義を志向し、やはり保護政策には後ろ向きであった。

不確実性が低く、各行為者が明確に利益と政策選好を認識している状況が生まれたことで、戦前のように政策の立案や運用が農林官僚に丸投げされるというような事態は発生せず、政策理念の影響は限定的となったのである。こうした歴史背景を考慮すると、農政トライアングルの形成過程の研究には構成主義制度論ではなく、自己組織化の概念を応用した分析手法が適当であるといえる。

分析手法の選択は、対象となる事例の特性に合わせておこなわなければならない。逆に言うと、如何に優れた分析手法であっても、1つの手法で全ての事例を説明することはできないということである。筆者のこれまでの研究を例にとると、戦前の農業政策に関しては構成主義制度論が適していたが、戦後の農政トライアングルの形成に関しては自己組織化の概念を応用した手法が有用であった。さらに農政トライアングルが完成した後におこなわれた政策立案については、先行研究が指摘するように鉄の三角同盟論で十分に説明できるものも多い。したがって分析手法は、ケース・バイ・ケースで柔軟に選択する必要がある。

3▸ 農政トライアングルの現在と未来

最後に、本書の知見に基づいて農政トライアングルの現在と今後について考察してみたい。本書では、農政トライアングルが自己組織化された利益誘導構造であることを示した。自己組織化されたものは、行為者の行動パターンが変化し、正のフィードバック効果がなくならない限り再生産され続ける。例えば、カリフォルニアの森林の事例では、山火事で森林が完全に燃え尽きても、数十年の時が経ち森林が再生・成長して可燃性の有機物が堆積する。山火事の後に再生することができる性質を持った樹木と乾燥した季節風が吹く環境がある限り、何かのきっかけで再び山火事が起こる。このサイクルは数千年あるいはそれ以上の長い時間繰り返されてきた。さらに人間による消火活動が山火事の規模を拡大させており、正のフィードバック効果が増大していることからも、今後もこうした循環は続いていくと考えられる。

農政トライアングルも、農業自由化あるいは経済グローバル化の波や政治改革の圧力などに直面し、マスコミや財界の批判を受けても、数十年もの長い期間にわたって維持されてきた。しかしそれは永遠に続くものではない。構成者の行動パターンに変化が生じ、利益誘導による正のフィードバック効果が失われてしまえば、同構造が再生産されることはなくなるだろう。実際に、近年こうした変化が農政にも生じており、農政トライアングルにも遂に重大な変化（あるいは崩壊）の兆しが生じ始めた。そして序章でも述べたように、この変化も自己組織化の概念を応用することで、より体系的かつ包括的に理解することができる。

自己組織化された利益誘導構造の下では、各構成者は一定の行動パターンに基づいて行動し、利益誘導構造の再生産を促進していた。こうした行動パターンは、農政トライアングルの形成条件が整うことによって生み出されたものであった。しかし近年これらの条件に重大な変化が生じたことで、各構成者の行動パターンも変わりつつある。以下では、各構成者を取り巻く環境条件と行動パターンの変化について考察する。

第一に、農家の間に大きな変化が生じ始めている。農家の行動パターンが生じたのは、農地改革がもたらした農村の均質化によるものであった。今日でも日本の農家は、小規模農家が大半を占め、その多くは兼業農家であり、さらに高齢化が進んでいる★5。こうした理由から、多くの農家は依然として経済的に脆弱で政府の保護政策に依存する傾向にある。しかし最近は大規模農業経営体の割合も増加し、独自の販路を持つ農家や農業法人が増え、こうした農業者の間には農協や政府に依存しない傾向が生じている★6。また農家の生産物に関しても、生産額ベースでみるとコメの割合は減少し続けており、野菜や畜産物といった作物の割合が高まっている★7。その意味では農村に多様性が高まりつつあり、以前のように政策選好が一様な状態ではなくなりつつある。元農水省事務次官の奥原正明も、安倍晋三内閣の下で農政改革が進んだ背景の1つとして、「法人経営を含めた専業的な農業者が量的にも質的にも存在感を増し、それぞれの地域の中で発言力を高めてきたことがある」と指摘している（奥原 2019, p. 191）。ゆえに、農村が一体となって全国的な政治活動をおこなうことは、以前ほど容易ではなくなっているといえるだろう。

第二に、農協による政治動員にも大きな変化が生じた。その最大のきっかけは、安倍内閣が推進した農協改革である。2015年の農協法改正で全中は一般社団法人に転換され、その監査・指導権は撤廃された。同改革は首相の諮問機関である規制改革会議において提言されたもので、地域農協が独自性を発揮してより自主的に事業をおこなうことを表向きの目的としていた。しかし真の目的は、全中が持っていた地域農協やその他農協組織への政治的影響力を大幅に縮小することであった。農協は同改革に激しく反対したものの、高い支持率に支えられた安倍内閣に押し切られ、改革を受け入れることとなった。その結果、以前のように全中が全国の農協組織の司令塔となって農村の政治動員をおこなうことは難しくなり、農協の政治的影響力が弱体化することとなった（Sasada 2015, 作山 2021, 寺田 2022）。そしてTPP11（2018年発効）や日・EU経済連携協定（2019年発効）や日米貿易協定（2020年発効）などといった自由貿易協定が、農協の強い抵抗にもかかわらず、矢継ぎ早に締結されることとなった。

第三に、自民党と農村の連携にも重大な変化が起きた。まず指摘されるのは、農林族議員の弱体化である。自民党本部事務局参与で農政に詳しい吉田修は、小選挙区制度の導入によって「議員の多くが大都市中心になると、農業問題を語らずに当選できる議員が多く」なり、「農村の事情に詳しい政治家が著しく減少している」と指摘している（菅 2020, p. 144）。また元農水省官僚で経済学者の田代洋一は、「民主党政権が誕生した09年8月の衆院選で農林議員がほとんど滅びた」（菅 2020, p. 199）として、政権交代が農林族議員の弱体化を招いたと述べている。濱本（2022）による国会議員を対象とした調査のデータ分析も、「族議員が活躍する政調部会の影響力」が低下していることを示唆しており、「団体と議員の関係は1990年代以降、徐々に疎遠になり団体側の影響力も低下している」という（p. 133-135）。

次に指摘されるのは、官邸主導型政治によるトップダウンの政策決定の拡大である。近年、政治主導の名の下に首相のリーダーシップ強化が図られ、重要政策においては首相のイニシアティブに基づいて政策決定がなされるようになった。こうした変化の背景には、内閣府・内閣官房の機能強化、首相の諮問会議の活用、内閣人事局の創設などといった制度改革がある（中北2017；待鳥 2020）。官邸機能の拡充を可能にした制度改革は、政府と与党・自民党とのパワーバランスを大きく変化させ、政府・官邸が優位な「政高党低」の状況が生まれた。その結果、農林族議員でさえも官邸の意向に沿って行動することが増えたのである。

例えば、2015年の農協改革の際には、農林族議員が「官邸側についた農水省と（改革に反対する）農協との間に入り、農協に改革の受入れを説いた」という（作山 2021, p. 67）。さらに安倍首相は、農林族議員に自由貿易協定を受け入れることと引き換えに農水大臣・副大臣などの重要ポストを与え、農林族議員の団結を弱めて党内をTPP参加賛成でまとめることに成功した（大泉 2020）。この「族をもって族を制す」戦略は、安倍内閣がTPP交渉や農協改革において重要な成果を得ることを可能にした（寺田2022）。こうした変化は自民党と農村の連携の退潮を招き、自民党の行動パターンにも変化を生じさせた。その結果として、自民党は「農協・農家が求める保護政策」の多くを方針転換し、貿易自由化や規制緩和などといった市場志向型の農業政策を推し進めるようになった。

第四に、「農水省による積極的な保護政策の立案」という条件にも変化が見られるようになった。近年、農水省は官邸の政策選好に近い市場志向型の政策を支持・推進することが多くなった。例えば、第一次安倍内閣の下で打ち出された農産物の輸出促進政策（いわゆる「攻めの農政」）は、日本の農産物の海外市場での販売を拡大することで、農業の成長を促すことを目的としていた（Sasada 2008）。また2013年に導入された経営所得安定対策では、減反農家への補助金（水田活用の直接支払い交付金）を大規模生産者に集中させる方針を打ち出したが、これには「零細・兼業農家の新陳代謝を促し、大規模化を促す狙い」があった★8（日本経済新聞 2013年10月25日）。こうした政策の出所は首相の諮問会議などであったが、農水省は官邸が推進しようとする政策を積極的に支持していた。

また上述のように、TPP交渉や農協改革の際にも農水省は官邸に協力し、その実現を後押しした。安倍内閣が推進した市場志向型政策は、1960年代の農林官僚の政策理念であった経済合理主義とも通底しており、農水省にもこうした政策が受け入れられる素地があったと考えられる。

最近の農水省の政策立ち位置について、大泉（2020）は「農林行政の役割が、政治主導によって保護から所得増加に変わり、新たな目標の提示をうけてはじめて農水省は成長農政に舵を切ろうとしている」と述べている（p. 260-261）。作山（2021）によると、こうした農水省の行動の背景には、「改革派」と呼ばれた農水官僚の存在もあったという。その代表的な例が、農水省事務次官を務めた奥原正明（2016～18年）とその後任の末松広行（2018～20年）であった。奥原は2011年から2016年まで経営局長として農協法改正に尽力し、その後「次官待ちポスト」以外からの異例の抜擢で事務次官に就任した。これには当時の菅義偉官房長官の意向が反映されており、「官邸主導の賜」であったという（作山 2021, p. 68）。一方で奥原・末松の退官後は、彼らの「改革マインド」も「尻すぼみになり、組織に定着しなかった」という（p. 67）。

しかし農水省が市場志向型政策に後ろ向きになったという訳でもない。菅内閣は農産物の輸出促進政策を積極的に推し進め、農水省もこれを後押しした。菅内閣・岸田文雄内閣の下では、大きな農政改革はおこなわれていないが、それは官邸が改革に特別な興味を示していないことが主な要因である。再び強いリーダーが明確なビジョンを掲げて農政改革を遂行しようとすれば、同省は官邸に協力する可能性が高い。こうしたことから、農水省の内部にも重要な変化が起きていると考えられる。

これらの変化は、農政トライアングルの構成者に新しい行動パターンをもたらしつつあるといえる。例えば、自民党議員の多くは農家や農協の要請に応えるのではなく、首相官邸の意向を反映した政策の実現を優先する傾向を強めている。濱本（2022）によると、議員を対象とした意識調査の分析結果からも「議員が団体よりも首相の意向に近い形で活動する面は明らかに強くなってきている」ことが示されるという（p. 135）。こうした傾向は農水省も同様である。また意欲のある農家にとっては、従来の保護政策よりも設備投資や技術導入や販路拡大に対する支援の方が重要となってきており、農協との付き合い方にも変化が生じているという。こうした新しい行動パターンは、農政トライアングルにおける正のフィードバック効果を弱体化させるものであると考えられる。

しかしながら農政トライアングルが近い将来に崩壊するというのは早計であろう。既存の状態から新しい流れを生み出すには、ゆらぎに相当する大きなエネルギーの蓄積が必要となる。現状では臨界状態に達するほどのエネルギーの蓄積（あるいは改革のモメンタム）はみられない。逆に現状維持に寄与するような要因も未だに存在する。例えば、減反政策は2018年に廃止されたが、今でも「水田活用の直接支払交付金」という名目で同様の補助金制度が存在し、コメの代わりに大豆や麦や飼料用米などの代替作物を生産する農家に対して補助金が支給されている。これは減反ではなく食料自給率向上を目的とした政策であるが、その政策効果（コメ農家の収入増・米価支持）としては総合農政と方向性を同じくするものである。またTPPなどの貿易協定の中でも、コメ、麦、牛肉・豚肉、乳製品、甘味資源物のいわゆる「重要5品目」は、関税撤廃の対象外となっている。それらが維持されているのは、依然として農政トライアングルが機能しているからに他ならない。さらに最近は、元事務次官を含む農水省の高官が農協に天下りするケースも増えているという指摘もあり、将来の改革を妨げる要因になることも考えられる（作山 2021, p. 71;『週刊ダイヤモンド』2023年4月8日号）。

また政策理念に注目する構成主義制度論の観点からも、いくつか指摘できる点がある。それは昨今の農政に関する政策論議が、戦前にも見られた大農論と小農論との間の論争と類似しているということである。安倍内閣が推し進めた農政改革は、経営の大規模化や農業経営の規制緩和などを目指していたが、これらは明治初期の農業政策の政策方針であった大農論と重なる部分が多い。他方で、改革に抵抗した農協は、小規模農家の保護や政府による農家への支援の必要性を強調し、大正期から日本農政に重大な影響を与えてきた小農論に基づいた主張を展開した。農水省も経済合理主義的な立場から安倍内閣の改革を支持した一面もあるが、農業の基本となる担い手については主に家族経営の自作農を想定しており、食料安全保障の観点からも農業の特殊性に対する認識は未だに強く、抜本的な商業化・産業化を目標とする大農論とは一線を画している。また自民党・農協・農水省それぞれの内部で、大農論的立場をとる者と小農論的立場をとる者が存在し、意見の相違がみられる。こうした政策理念の対立や政策合意の不在は抜本的な改革を難しくするため、現状維持を促進する要因とも考えられる。

農政トライアングルの形成に数十年の時間がかかったことを考えると、その崩壊にも長い時間がかかることは十分あり得る。あるいは完全に崩壊するのではなく、既存の構造を基に必要最小限の修正を加えながら、新しい環境に順応して今後も存在し続けるかもしれない。日本の政治経済および国民生活に重大な影響を与え続けてきた農政トライアングルが、今後どのように展開していくのか注視していく必要がある。

註

★1——高度経済成長にともなって政府予算が拡大を続けたという歴史的背景を考えると、「財政的な許容範囲内」という表現は促進的・寛容的なイメージを与えかねないが、そうではない。第6章でも度々触れたように、農政に関して政府は常に抑制的であった。農業関連予算が一般歳出に占める割合でみると、12.2%(1975年)、9.9%(1980年)、6.6%(1990年)と大幅に減少している(農林水産省 1991, p. 232)。1975年から1990年にかけて政府の一般歳出が約3.3倍に拡大したことを考えると、農業関連予算がいかに抑制的であったかがわかる。ちなみに2023年度の農林水産関係予算(2.27兆円)は一般歳出(72.7兆円)の約3.1%を占めるのみで、1980年の農林水産関連予算(3.78兆円)と比べると4割程度削減されている(同上および財務省 2023, p. 1)。

★2——蝶のように孵化した幼虫が、蛹の段階を経て完全変態し、成虫になるといった成長過程もあり、その場合には蛹から羽化した時点に焦点を当てることも考えられる。だが農政トライアングルの場合は1960年代の不完全な状態とその後の完全体との間に、完全変態といえるほど大きな違いがわけではないので、こうした解釈はあたらないといえるだろう。

★3——「how」の問いを検証することを「記述的推論」と呼ぶことがあるが、この用語は因果関係の解明を目的としない分析という意味合いで使われることが多い。本研究は記述的な手法を使いながらも、因果関係の解明を目的としているので、誤解を避けるためにも記述的推論という表現はあえて使用しない。

★4——政策ネットワーク論を応用した研究には、創発や自己組織化の概念に言及したものもある(例えば、松井1998;風間 2021)。しかし表面的な言及にとどまり、体系的な分析というレベルにまでは踏み込んでいない。

★5——農水省のデータによると、2022年の時点で耕地面積1.0ヘクタール未満の零細農家は全体の52%、兼業農家の割合は個人経営体の約78%、農家の平均年齢は68.4歳である(農水省『令和4年度 食料・農業・農村白書』, p. 136-137, 150)。

★6——コメ生産者に関して言えば、大規模生産者の方が経済的に不安定なため補助金に依存する傾向があるという指摘もある(農政ジャーナリストの会2020, p. 60)。

★7——1984年のコメの生産額は全体の33.5%で最大の農産物であったが、2021年のコメの生産額は全体の15.5%に低下し、野菜(24.3%)畜産物(38.5%)の割合を大きく下回った(農水省『令和4年度 食料・農業・農村白書』, p. 120)。

★8——その後、規模要件は廃止された。

あとがき

往年のロックバンドEaglesの代表曲『Hotel California』に「We are all just prisoners here, of our own device」というフレーズがある。同曲の歌詞は短編小説のような内容で、魅惑的なホテルとそこで快楽的・退廃的な生活を楽しむ客の姿が描かれ、1960年代後半のアメリカ社会を比喩的に表現した作品である。上述のフレーズは、このホテルに迷い込んだ男に対して、滞在客の女が「私たちは皆ここで自分たちが作り出したモノに囚われているの」と告げる台詞である。「自分たちが作り出したモノ」については、ドラッグやアルコールなどといった解釈もあるが、一般的には当時の若者達の間で流行していたヒッピー文化を指しているとされている。いずれにせよ一度踏み込んでしまうと、抜け出したいと思っても抜け出せないジレンマが描写されている。

戦後日本の農政を振り返ると、農政関係者たちも「prisoners of their own device（自分たちが作り出したモノに囚われた者たち）」だったように思えてくる。意図して作ったものではないとはいえ、各構成者は自らの決定と行動の結果として自己組織化された農政トライアングルに囚われ、このままではいずれ農業は衰退するとわかっていても、その構造から抜け出すことができずにいた。そしてそれは半世紀以上も続く極めて強固な呪縛であった。果たして各構成者は、Hotel Californiaの滞在客のように現状を諦観して受け入れていたのか、それとも主人公の男のように何とかして抜け出そうとあがいていたのだろうか。

自然界にも似たような自己組織化現象が存在する。アリの群れが起こす「渦行動」というものである。グンタイアリなどの仲間は、他のアリと違って一カ所に定住するのではなく、エサを求めて森の中などを集団で頻繁に移動する。その行列が統率された軍隊のようにみえることから、この名がつけられた。声を発せず目もあまり見えないアリが統制された行動をすることを可能にするのは、各個体が分泌するフェロモンである。先行したアリが残したフェロモンを後方のアリがたどることで、群れ全体の進行方向が伝達され、数百万匹のアリが数十メートルにもわたる行列が自己組織化されるのである。アリ科の昆虫はフェロモンを使って高度な社会行動を可能にし、複雑かつ高性能な巣やアリ塚の建設も行うことができる。

ところが何かの拍子で先行するグンタイアリのフェロモンの軌跡が円を描くような形になってしまうと、行列が同じ場所をグルグルと回り続け、多数のアリの渦が形成されてしまうことがある。渦の中に取り込まれたアリは、自分の後にフェロモンを残すため、渦が再形成され続け、長時間にわたってアリが渦行動を続けるのである。この渦は「circle of death（死のサークル）」とよばれることもあるが、中にいるアリが死ぬまで続くことはないという。しかし多大なエネルギーや時間を浪費してしまうのは間違いない。日本の農政も過去の軌跡を盲目的にたどることで、ネガティブな渦を形成してしまい、そこから抜け出せなくなってしまっているように思える。グンタイアリの渦行動はいつしか解消されるが、農政トライアングルの渦はいつまで続くのであろうか？

本文中でも述べたように、本書は前著『農業保護政策の起源』の続編である。前著では明治期から終戦までの期間の農政の展開を検証し、本書では戦前の流れがどのように戦後農政を形成し、農政トライアングルの誕生につながったかといった点を分析した。筆者にとって本書は農政研究の第2弾となる作品となった。終戦から1970年代の農政については、まだまだ検証すべきテーマも多いが、次回作は1980年代～2000年代にかけての農政を扱う予定にしている。この時期には農政トライアングルの下で保護政策が維持されてきたが、それは当然の帰結という訳ではなかった。農政には外部から常に規制緩和や自由化の圧力がかかり、農政トライアングルの構成者間にも頻繁に意見の対立が生じ、保護政策の維持は容易なことではなかった。それは必ずしも構成者らが合意の下に利益誘導行為を行った結果ではなく、自らが作り出したモノの呪縛による部分も大きかった。そして構成者らを呪縛する構造や政策に内在する矛盾を解消するべく彼らがもがいた結果でもあった。次回作では本書で得られた知見を基に、改めて農政トライアングルの下での政策過程を検証し、農政研究に新たな視点を提示したいと考えている。

前著から本書まで6年がかかったが、次回作も同様の時間が必要となるだろうと考えている。これほど時間がかかるのは、毎度ながら筆者の研究テーマが壮大なことと、筆者の遅筆によるところも大きいが、もう1つの理由は自著を毎回自分で英訳して海外の出版社から出版しているからでもある。ちなみに前著を英訳し一部加筆したものは、イギリスのRoutledge社から『The Origin of Japan's Protectionist Agricultural Policy: Agricultural Administration in Modern Japan』というタイトルで2023年に出版された。自著を翻訳するのも骨が折れる。自分で書いた文章とはいえ、簡単に翻訳できるものではなく、日本市場と海外市場ではニーズが微妙に違うので、いろいろと加筆・修正も必要になる。だが英語で出すことで世界中の研究者・読者に読んでもらえるメリットを考えると、海外出版する価値は高いと思っている。今後は本書の英訳と次回作の執筆を同時進行する予定である。まだ先の話ではあるが、本書を読まれた方が次回作にも興味を持っていただければ、望外の喜びである。

本書の執筆にあたっては、数多くの方々にお世話になった。この場を借りて感謝の言葉を伝えたい。本書の基になる研究の成果については、以下の研究会において報告する機会をいただいた。アメリカ政治学会（APSA）の日本政治研究グループ、慶應義塾大学大学法学部主催の地域研究・比較政治セミナー、関西行政学研究会、北海道大学大学院法学研究科主催の政治学研究会。これらの研究会では非常に建設的かつ有益な質問やコメントを数多くいただき、本書の執筆に大いに参考になった。あまりに多数にわたるため、1人ずつ名を上げて謝辞を述べることはできないが、各研究会の幹事・メンバーの方々には深く感謝している。また農林水産省や農協の関係者や農業従事者の方々には、インタビュー調査に協力していただいた。そして農業経済や農学の研究者の方々にも、貴重な意見をいただく機会を得ることができた。心から感謝の気持ちを伝えたい。

今回特にお世話になった以下の方々には、直接お礼を申し上げたい。関西学院大学の北山俊哉さんには、日頃から質的研究・制度研究について意見交換をさせていただいている。既存の手法にとらわれない北山さんの柔軟な姿勢からは、多くのインスピレーションを受けた。そして立命館大学の森道哉さんには、本書の原稿を隅々まで読んでもらっただけでなく、前著も改めて読み返した上で、今後の研究の進め方などにまで丁寧なアドバイスをいただいた。そのお陰で研究者としての自分の来し方を振り返って、将来の方向性を思慮することができた。また琉球大学の川口航史さんは、わざわざ沖縄から北大の政治研究会での筆者の報告に参加してくださった。農政研究者の川口さんと出版前に意見交換ができたことは幸いであった。ただし本書における誤りなどは、全て筆者に帰するものである。

本書の出版にあたっては、学術書出版の経験が豊富な京都大学の待鳥聡史さんと神戸大学の砂原庸介さんからアドバイスを受ける機会に恵まれ、参考にさせていただいた。千倉書房の編集者である神谷竜介さんには、原稿の校正や出版助成費の獲得など多くの面で支援していただいた。神谷さんは前著を高く評価してくださり、今回本書出版の機会を与えていただいた。非常に有り難く感じている。

本書の基となった研究活動に対しては、日本学術振興会 科学研究費補助金 令和元～5年度基盤研究（C）「農業における鉄の三角同盟形成過程の構成主義的分析」（課題番号：19K01467）の助成を受けた。また本書の出版に対しては、日本学術振興会の科学研究費補助金 令和6年度研究成果公開促進費（課題番号：24HP5102）による支援を受けた。日本学術振興会および納税者の皆様に感謝したい。

最後に、いつも心の支えとなっている妻の智恵子と息子の日護に謝意を伝えたい。研究に打ち込んでいる時期は大学の研究室に籠もりがちになり、家族との時間を犠牲にすることも多く、申し訳なく思っている。家族の支援なしには、本書を上梓することはできなかった。そして本書の中心的な理論的概念である自己組織化について興味をもったのは、息子と生物の進化について議論したことがきっかけだったことを記しておきたい。感謝の気持ちを込めて、2人に本書を捧げたい。

緑豊かな北海道大学構内の研究室にて

佐々田博教

参考文献

秋吉貴雄・伊藤修一郎・北山俊哉（2020）『公共政策学の基礎（第3版）』有斐閣ブックス.
雨宮昭一（2008）『占領と改革　シリーズ日本近現代史7』岩波書店.
石川真澄（1978）『戦後政治構造史』日本評論社.
石田正昭（2014）『JAの歴史と私たちの役割』家の光協会.
伊藤修一郎（2011）『政策リサーチ入門――仮説検証による問題解決の技法』東京大学出版会.
井庭崇・福原義久（2013）『複雑系入門――知のフロンティアへの冒険』NTT出版.
稲熊利和（2014）「米の生産調整見直しをめぐる課題」『立法と調査』No. 354, pp. 33-42.
今田高俊（2005）『自己組織性と社会』東京大学出版会.
大泉一貫（2020）『フードバリューチェーンが変える日本農業』日本経済新聞社.
大川裕嗣（1998）「戦後復興期の日本農民組合」『土地制度史学』31（1）pp. 1-19.
大竹啓介（1978）「農地改革と和田博雄（1-2）」『農業総合研究』第32号（2-3）pp. 139-164, pp. 227-272.
――――（1981）『幻の花 和田博雄の生涯（上）』楽游書房.
太田原高昭（2007）「戦後復興期の農業協同組合」『季刊北海学園大学経済論集』55（2）pp. 27-41.
岡田知弘（1982）「経済更生運動と農村経済の再編」『経済論叢』第129巻（6）pp. 409-429.
奥健太郎・河野康子編（2015）『自民党政治の源流――事前審査制の史的検証』吉田書店.
奥原正明（2019）『農政改革――行政官の仕事と責任』日本経済新聞社.
奥原正明（2020）『農政改革の原点――政策は反省の上に成り立つ』日本経済新聞社.
小倉武一（1951）『土地立法の史的考察』農林省農業総合研究所.
――――（1965）『日本の農政』岩波書店.
小田垣孝ほか（2022）『社会物理学　モデルでひもとく社会の構造とダイナミクス』共立出版.
風間規男（2021）「福島第一原子力発電所事故後の「原子力ムラ」と原子力政策」『同志社政策科学研究』22（2）, pp. 41-55.
川口航史（2022）「農業協同組合の成立と発展（2）」『国家学会雑誌』134（11・12）

pp. 1-62.
川越俊彦（1993）「食糧管理制度と農協」岡崎・奥野編『現代日本経済システムの源流』日本経済新聞社, pp. 245-271.
北出俊昭（1986）「米価算定における生産費と所得均衡問題に関する研究」『石川県農業短期大学 特別研究報告』第16号, pp. 51-77.
北出俊昭（2001）『日本農政の50年』日本経済評論社.
北村亘（2013）『政令指定都市――百万都市から都構想へ』中央公論新社.
北山俊哉（2011）『福祉国家の制度発展と地方政府――国民健康保険の政治学』有斐閣.
北山俊哉・久米郁男・真渕勝（2009）『はじめて出会う政治学』第3版, 有斐閣アルマ.
木原佳奈子（1995）「政策ネットワーク分析の枠組み」『アドミニストレーション』第2巻3号, pp. 1-37.
ギャディス, J. L.（2003）「限定的一般化を擁護して」エルマン＆エルマン編『国際関係研究へのアプローチ』pp. 198-223.
キング, G. ほか（2004）『社会科学のリサーチ・デザイン』真渕勝 監訳, 勁草書房.
久米郁男（2013）『原因を推論する――政治分析方法論のすすめ』有斐閣.
クルーグマン, P.（1997）『自己組織化の経済学――経済秩序はいかに創発するか』北村行伸ほか訳, ちくま学芸文庫.
神門善久（2006）『日本の食と農』NTT出版.
――――（2022）『日本農業改造論』ミネルヴァ書房.
財務省（2023）『令和6年度農林水産関連予算のポイント』
<https://www.mof.go.jp/policy/budget/budger_workflow/budget/fy2024/seifuan2024/16.pdf>
坂本治也・石橋章市朗編（2020）『ポリティカル・サイエンス入門』法律文化社.
作山巧（2021）『農政トライアングルの崩壊と官邸主導型農政改革』農林統計協会.
佐々田博教（2011）『制度発展と政策アイディア――満州国・戦時期日本・戦後日本にみる開発型国家システムの展開』木鐸社.
――――（2018）『農業保護政策の起源――近代日本農政の発展 1874-1945』勁草書房.
下村太一（2004）「戦後農政の転換と利益政治――総合農政と田中角栄」『北大法学論集』55（3）pp. 171-212.
生源寺眞一（2011）『日本農業の真実』ちくま新書.
庄司俊作（1997）「戦後農民層の政党支持と政治意識に関する一考察」『社会科学』58, pp. 25-53,
――――（1999）『日本農地改革史研究』御茶ノ水書房.
食糧政策研究会編（1987）『日本の食糧と食管制度』日本経済評論社.
ジョンソン, S.（2004）『創発：蟻・農・都市・ソフトウェアの自己組織化ネットワーク』山形浩生訳, ソフトバンク・パブリッシング.
空井護 (2009)「自民党支配体制下の農民政党結成運動」北岡伸一・御厨貴編『戦争・復興・発展——昭和政治史における権力と構想』東京出版会, pp.259-295.
菅正治 (2020)『平成農政の真実——キーマンが語る』筑波書房.
田中学 (1999)「日本における農地改革と農地法の成立」梅原弘光編『東アジアの土地制度と農業変化』アジア経済研究所, pp. 37-51.
遅塚忠躬 (2010)『史学概論』東京大学出版会.
チラ, S. D. (1982)『慎重な革命家達』小倉武一訳, 農政研究センター.
辻琢也 (1994)『政府介入の政治経済過程——戦後日本の「調整」米価』東京大学博士論文.
寺田貴 (2022)「TPP・通商 世界でも有数のFTA国家に」アジア・パシフィック・イニシアチブ編『検証安倍政権　保守とリアリズムの政治』文藝春秋, pp. 194-230.
暉峻衆三 (2003)『日本の農業150年——1850～2000年』有斐閣ブックス.
ドーア, R. P. (1965)『日本の農地改革』並木正吉ほか訳, 岩波書店.
東畑四郎 (1980)『昭和農政談』家の光協会.
中北浩爾 (1998)『経済復興と戦後政治——日本社会党1945－1951年』東京大学出版会.
———— (2017)『自民党——一強の実像』中央公論新社.
中村靖彦 (2000)『農林族——田んぼのかげに票がある』文藝春秋.
日本銀行統計局編 (1966)『明治以降本邦主要経済統計』日本銀行統計局.
農政ジャーナリストの会編 (2020)『基本法20年と令和の農政』農山漁村文化協会.
農林水産省 (1991)『平成2年度 農業白書』農林水産省.
農林水産省 (1996)「農業基本法に関する研究会報告」
https://www.maff.go.jp/j/study/nouson_kihon/pdf/report_h080910.pdf
『農林水産省百年史』編纂委員会 (1979)『農林水産省百年史 (上・中・下)』農林水産省百年史刊行会.
濱本真輔 (2022)『日本の国会議員——政治改革後の限界と可能性』中公新書.
平賀明彦 (2003)『戦前日本農業政策史の研究—— 1920-1945』日本経済評論社.
樋渡展洋 (1991)『戦後日本の市場と政治』東京大学出版会.
福岡伸一 (2015)「生命の『なぜ』またいつか新しい答えが」朝日新聞, 2015年8月2日, p. 13.
福田勇助 (2016)『日本農地改革と農地委員会』日本経済評論社.
ペントランド, A. (2018)『ソーシャル物理学』草思社.
本位田祥男 (1932)『農村更生の原理』日本評論社.
本間正義 (2010)『現代日本農業の政策過程』慶應義塾大学出版会.
正木卓 (1999)「〈政策ネットワーク〉の枠組み——構造・類型・マネジメント」『同志社政策科学研究』1, pp. 91-110.

待鳥聡史（2020）『政治改革再考』新潮社.
松井隆幸（1998）「政策ネットワーク分析と日本の産業政策」『富山大学紀要 富大経済論集』44 (2), pp. 511-532.
松田憲忠・岡田浩編（2018）『よくわかる政治過程論』ミネルヴァ書房.
松野文俊・花本惣平（2013）「アリの行動シミュレータ構築と生態の理解」『計測と制御』第52巻第3号, pp. 227-233.
三浦秀之（2020）『農産物貿易交渉の政治経済学』勁草書房.
水元惟暁・土畑重人（2017）「自己組織化から拓く社会性昆虫の生態学」『日本ロボット学会誌』Vol. 35, No.6, pp. 448-454.
ミッチェル, M.（2011）『ガイドツアー複雑系の世界――サンタフェ研究所講義ノートから』高橋洋訳, 紀伊国屋書店.
宮崎隆次（1980a）「大正デモクラシー期の農村と政党（1）」『国家学会雑誌』第93巻第7・8号, pp. 445-511.
――――（1980b）「大正デモクラシー期の農村と政党（2）」『国家学会雑誌』第93巻第9・10号, pp. 693-750.
――――（1980c）「大正デモクラシー期の農村と政党（3）」『国家学会雑誌』第93巻第11・12号, pp. 855-923.
――――（1995）「55年体制成立期の都市と農村（1）」『千葉大学法学論集』第9巻第2号, pp. 155-86.
――――（2000）「55年体制成立期の都市と農村（2）」『千葉大学法学論集』第14巻第4号, pp. 163-213.
森武麿（2006）「日本近代農民運動と農村中堅人物」『一橋経済学』第1号第1巻, pp. 15-34.
八木芳之助（1936）「現下の土地問題と自作農創設事業」『経済論叢』第43巻第1号, pp. 20-42.
山下一仁（2009）『農協の大罪』宝島社.
山形県農業協同組合沿革史編纂委員会編（1960）『山形県農業協同組合沿革史 第一編』山形県農業協同組合中央会.
https://www.nokyo.or.jp/ja/wp-content/uploads/jagroup/enkaku/pdf/1-No01.pdf
吉田修（2012）『自民党農政史（1955-2009）：農林族の群像』大成出版社.
ラデジンスキー, W.（1984）『農業改革 貧困への挑戦』ワリンスキー編, 斉藤仁ほか訳, 日本経済評論社.
ワッツ, D.（2012）「偶然の化学』青木創訳, 早川書房。

Babb. J. (2005). “Making Farmers Conservative: Japanese Farmers, Land Reform and Socialism,” *Social Science Japan Journal* 8 (2), pp. 175-195.
Beasley. W.G. (1995). *The Rise of Modern Japan*. London: Weidenfeld & Nicholson.

Calder, K. (1986). *Crisis and Compensation*, Princeton University Press.

Curtis, G. L. (1988). *The Japanese Way of Politics*. Columbia University Press.

Gaddis. John L. (2002). *The Landscape of History: How Historians Map the Past*, Oxford University Press.

George-Mulgan, A. (2000) *The Politics of Agriculture in Japan*, Routledge.

———. (2005) *Japan's Interventionist State: The Role of the MAFF*, Routledge.

———. (2006) *Japan's Agricultural Policy Regime*, Routledge.

Gordon, A. (2002). *A Modern History of Japan: From Tokugawa Times to the Present*, Third Edition. Oxford University Press.

Hacker. J. (2005). "Policy Drift: The Hidden Politics of US Welfare State Retrenchment" in Streeck, W. and Thelen, K. eds. *Beyond Continuity*, Oxford University Press.

Hayes, L. (2018). *Introduction to Japanese Politics*, Oxon: Routledge.

Jentzsch, H. (2021). *Harvesting State Support: Institutional Change and Local Agency in Japanese Agriculture*. University of Toronto Press.

Maclachlan, P. L., & Shimizu, K. (2022). *Betting on the Farm: Institutional Change in Japanese Agriculture*. Cornell University Press.

Olson, M. (1965). *The Logic of Collective Action: Public Goods and the Theory of Groups*, Harvard University Press.

Pekkanen, R. (2006). *Japan's Dual Civil Society: Members Without Advocates*, Stanford University Press.

Pierson, P. (2004). Politics in Time, NJ: Princeton University Press.

Sasada. H. (2008). "Japan's New Agricultural Trade Policy and Electoral Reform: 'Agricultural Policy in an Offensive Posture [*seme no nō sei*],'" in *Japanese Journal of Political Science*, Vol. 9, No. 2, pp. 121-44.

———. (2015). "'Third Arrow' or Friendly Fire? The LDP Government's Reform Plan for the Japanese Agricultural Co-op," in *Japanese Political Economy* 41 (1-2), pp. 14-35.

Simon, M. (2021). "Wildfire used to be helpful. How did they get so hellish?" Wired, August 18, 2021. https://www.wired.com/story/wildfires-used-to-be-helpful-how-did-they-get-so-hellish/

Sims, R. (2001). *Japanese Political History Since the Meiji Renovation*, London: Hurst.

主要人名索引

主要事項索引

英字

ア行

カ行

サ行

タ行

ナ行

著者略歴

佐々田博教（ささだ・ひろのり）

北海道大学大学院メディア・コミュニケーション研究院教授
1974年生まれ。ワシントン大学でPh.D.（政治学）を取得。立命館大学准教授などを経て2020年より現職。主著に『*The Origin of Japan's Protectionist Agricultural Policy: Agricultural Administration in Modern Japan*』（Routledge、2023年）、『農業保護政策の起源――近代日本の農政1874～1945』（勁草書房、2018年）、『制度発展と政策アイディア――満州国・戦時期日本・戦後日本にみる開発型国家システムの展開』（木鐸社、2011年）などがある。

農政トライアングルの誕生
――自己組織化する利益誘導構造 1945-1980

2025年 2月8日 初版第1刷発行

著　者　佐々田博教

発行者　千倉成示
発行所　株式会社 千倉書房
〒104-0031 東京都中央区京橋3-7-1
電話 03-3528-6901（代表）
https://www.chikura.co.jp/

造本装丁　米谷豪
印刷・製本　精文堂印刷株式会社

ISBN 978-4-8051-1342-4 C3036